程静 郅芹 编著

儿童沟通心理及实践手册

中国法治出版社
CHINA LEGAL PUBLISHING HOUSE

前　言

自孩子呱呱坠地起，父母就要陪伴他们度过牙牙学语、蹒跚学步的成长历程。看着孩子的心智日渐成熟、身体不断强健，每一位父母都会感到无比欣喜。与此同时，亲子沟通也成了摆在父母面前的一大课题。

亲子关系是否融洽，亲子沟通是否顺利，不仅决定了家庭教育的成败，也会影响孩子的健康成长。然而，现实中，许多父母都在被亲子沟通中的一些问题所困扰，比如，有些孩子哭闹不止，如何劝都无济于事；有些孩子经常提出无理要求，如果满足，父母担心孩子得寸进尺，如果不满足，父母又没有拒绝孩子的好办法；面对父母的批评指责，孩子置若罔闻、我行我素，甚至出言顶撞……父母的初衷是"一切为了孩子"，但是孩子却并不领情，怎么会出现这种局面呢？

究其原因，主要是父母没有完全掌握孩子的心理特征，给予孩子的行为表现过多关注，却忽视了他们的内心想法和需求，而且采取了不恰当的沟通方法。实际上，与生理特征一样，每个孩子也都具有与众不同、独一无二的心理特征。父母掌握了孩子的心理特征，就像掌握了打开孩子心扉的钥匙，从而可以了解他们的内心世界、实现完美沟通的目标。为了帮助广大父母实现这一目标，我们编写了本书。

本书分为四部分：第一部分详细阐述了不同年龄段孩子的心理发展特点，以及语言沟通能力的发展特点；第二部分讲述了亲子沟通的重要性及原则；第三部分试图帮助读者把握亲子沟通中的关键问题；第四部分介绍了与孩子日常交谈的技巧、赞美孩子的技巧、批评孩子的技巧、拒绝孩子的技巧、说服孩子的技巧以及非语言沟通的技巧。书中理论讲解通俗易懂，实践案例典型，沟通技巧简便实用。

每一位作者都希望自己的作品完美无缺，但由于水平所限，加上时间仓促，存在疏虞不妥之处在所难免，欢迎广大读者批评指正。

目　录
CONTENTS

第一部分　了解儿童心理与沟通特点

第一章　了解儿童心理发展特点 ... 3
　　一、儿童心理发展的连续性与阶段性 ... 3
　　二、儿童心理发展的方向性与顺序性 ... 7
　　三、儿童心理发展的不平衡性 ... 9
　　四、儿童心理发展的差异性 ... 11

第二章　了解儿童语言沟通能力发展特点 ... 14
　　一、从"对话言语"到"独白言语" ... 14
　　二、从"情境性言语"到"连贯性言语" ... 17
　　三、语言的逻辑性提高 ... 18
　　四、掌握语言表达技巧 ... 22

第二部分　明确亲子沟通的目标和原则

第一章　亲子沟通的意义 ... 27
　　一、亲子沟通的重要性 ... 27

二、影响亲子沟通的主要因素 ... 32
　　三、常见的不良亲子沟通模式 ... 34

第二章　亲子沟通的7C原则 ... 38
　　一、可信赖原则 ... 38
　　二、一致性原则 ... 40
　　三、可接受原则 ... 42
　　四、明确性原则 ... 44
　　五、多渠道原则 ... 46
　　六、持续性和连贯性原则 ... 48
　　七、差异性原则 ... 49

第三部分　把握亲子沟通的关键问题

第一章　认知：超越无形的壁垒 ... 55
　　一、避免选择性心理 ... 55
　　二、不要犯"先入为主"的错误 ... 59
　　三、别被"心理偏盲"蒙蔽双眼 ... 62
　　四、拒绝做"完美主义"父母 ... 67
　　五、寻求改变：尝试"知觉检核" ... 72

第二章　情绪：正确的管理和宣泄 ... 75
　　一、沟通前先识别自己的情绪 ... 75
　　二、如何避免"亲子暴力沟通" ... 80
　　三、正确疏导孩子的负性情绪 ... 85
　　四、指导孩子表达情绪 ... 90

第三章　倾听：不只是听见 ... 94
　　一、恰当使用"陪伴式倾听" ... 94
　　二、父母的"无效倾听" ... 95

三、揣摩孩子的"隐藏想法"... 98
　　　四、用"嗯……这样啊"回应孩子 ... 101
　　　五、用恰当的复述表达对孩子的认可 ... 104

第四章 同理心：架起沟通的"桥"... 109
　　　一、感同身受，理解孩子的心理需求 ... 109
　　　二、释放善意，解开孩子的心结 ... 113
　　　三、映射情感：说出孩子的感受 ... 115
　　　四、针对孩子的感受而不是行为做出反应 ... 119
　　　五、建立与孩子的双向沟通 ... 123

第四部分　掌握亲子沟通的技巧

第一章 亲子日常交谈的技巧 ... 131
　　　一、打造畅所欲言的沟通环境 ... 131
　　　二、用孩子听得懂的词句表达 ... 134
　　　三、交谈时允许孩子争辩 ... 139
　　　四、如何用提问引发孩子的谈兴 ... 143
　　　五、"家庭会议"的妙用 ... 148

第二章 赞美孩子的技巧 ... 153
　　　一、为什么"你很聪明"不如"你很努力"... 153
　　　二、赞美孩子的行为过程，而不是结果 ... 155
　　　三、赞美孩子的"三步法"... 159
　　　四、从细微处赞美孩子的优点 ... 161
　　　五、借他人之口赞美孩子 ... 165

第三章 批评孩子的技巧 ... 170
　　　一、具体的批评与空泛的批评 ... 170
　　　二、批评时做到"不贴标签"... 173

三、批评时表明你的期望 ... 175
　　四、告诉孩子如何弥补错误 ... 178
　　五、亲身示范和及时反馈的必要性 ... 181
　　六、千万不可恐吓孩子 ... 184

第四章　拒绝孩子的技巧 ... 188
　　一、拒绝孩子的最好办法：不带敌意的坚决 ... 188
　　二、警惕拒绝造成的"禁果效应" ... 191
　　三、拒绝时给孩子一个正当理由 ... 193
　　四、用"肯定法"回绝孩子 ... 195
　　五、掌握好"立规矩"的法则 ... 197

第五章　说服孩子的技巧 ... 201
　　一、发挥"我—信息"的作用 ... 201
　　二、给孩子提供选择项 ... 204
　　三、学会使用"正向语言" ... 206
　　四、停止"说教式语言" ... 207
　　五、减少强硬建议 ... 210

第六章　非语言沟通的技巧 ... 214
　　一、微笑在亲子沟通中的功能 ... 214
　　二、需要控制的几种眼神 ... 215
　　三、通过正确的姿势传递爱意 ... 218

参考文献 ... 221

第一部分

了解儿童心理与沟通特点

第一章　了解儿童心理发展特点

儿童心理发展具有连续性与阶段性、方向性与顺序性、不平衡性、差异性等特点。父母如果能掌握其心理发展特点，在亲子沟通过程中便能有的放矢，收到事半功倍的效果。

一、儿童心理发展的连续性与阶段性

根据《现代汉语词典》的定义，儿童是指较幼小的未成年人。儿童心理发展是指儿童在从不成熟到成熟这一过程中发生的积极的心理变化。随着年龄增长，儿童的心理活动会由简单到复杂，由低级到高级不断变化，这个过程具有连续性、阶段性、方向性、顺序性、不平衡性和差异性等特点，我们先讲述连续性与阶段性的特点。

1. 儿童心理发展的连续性

如同其他事物的发展一样，儿童心理发展也是一个连续的过程，后一个时期的发展总以前一个时期的发展为基础，而又为下一个时期的发展做准备。以儿童的思维发展为例，由于受外界环境影响，2岁左右的孩子即能借助感觉、知觉和动作进行某些思维活动，如摆弄一些积木，这就是直觉行动思维。随着年龄增长，孩子在大脑中储存的外界事物的形象（即表象）越来越多，其能借助大脑中储存的形象进行思维活动，如把积木搭好，这就是具体形象思维。从直觉行动思维到具体形象思维，是从量变到质变的飞跃。

2. 儿童心理发展的阶段性

儿童心理发展是一个连续不断的过程，但从量的积累到质的突破，一定时期内其会表现出本质性的重要差异，如直觉行动思维、具体形象思维、抽象逻辑思维等。下面我们按照儿童的不同年龄阶段，对其心理发展特点进行论述。[①]

第一阶段：婴儿期（0岁到2岁）

从4个月开始，婴儿就能区分各种颜色，辨别不同气味，也能分辨出亲人和陌生人。半岁左右的婴儿就可以认出母

---

① 对于儿童心理发展的阶段可参见刘梅，王芳主编：《儿童发展心理学》（第3版），清华大学出版社2021年版。

亲，而且能建立起一些条件反射，部分婴儿会有短暂的记忆力。7个月到8个月的婴儿，听到父母的某些"指令"，会做出相应的表现。10个月到11个月的婴儿，会逐渐明白一些词的意思，能够用一些"碎片语言"回应父母。1岁到1.5岁的孩子可进入理解语言的初步阶段。而1.5岁到2岁的孩子，已经有了初步的想象力。

在这一阶段，父母除了要满足婴儿的生理需求外，还要满足其心理需求，如多一些身体触摸、语言沟通、表情交流等，以此传达对婴儿的爱意；这对培养孩子的爱心非常重要。

第二阶段：儿童早期（2岁到4岁）

2岁到4岁的儿童，自我意识逐渐显现。表现为：一是"私有"意识，如不想让别人碰自己的玩具、食物；二是独立意识，比如不愿意让大人帮忙，而是自己去取柜子上的玩具，如果无法完成，就会表现出不满情绪，如哭闹、扔玩具等。总之，他们已经不满足于封闭、狭小的空间，而渴望探索更加广阔的世界。

在这个阶段，父母应该为孩子提供更多的空间和时间，在保证安全的前提下，让他们独立做一些事情，如穿衣、吃饭、整理玩具等。无论孩子遇到什么困难，都要及时帮助，切记不可拖延，这将有利于孩子形成独立自主、责任感强、意志坚定的品质。

第三阶段：学前期（4岁到6岁）

这个阶段，儿童最明显的心理变化是想要获得主动感和克服内疚感；在儿童早期心理发展的基础上，独立意识进一步增强。他们会试探性地做某些事情，如骂人、打人，触碰父母的底线。假如他们的好奇心和探索性行为得到父母的认可，他们就会产生愉悦感，创造力、想象力就可以持续发展；反之，如果他们的行为受到父母的否定、压制，甚至嘲笑和指责，他们就会产生挫败感和内疚感。

在这个阶段，父母要让孩子充分融入家庭中，让其在形成独立意识的同时渐渐形成集体意识。如果孩子出现各种行为问题，父母应在尊重孩子、稳定孩子情绪的基础上，耐心与孩子沟通，既要宽容温和，又要坚持原则，这样有利于孩子提升自信心、提高控制力。

第四阶段：学龄期（6岁到12岁）

这个阶段，儿童的心理特点是获得勤奋感、克服自卑感。这个时期，他们的智力快速发展，已经具有参与社会实践的愿望和能力，如喜欢帮助父母端端饭菜、取个东西等。上学后，儿童的心理依赖重心逐步由家庭转移到学校及其他活动上，他们需要承担简单的自我服务性的职责，如自己吃饭、穿衣、整理玩具，在老师的指导下打扫卫生，等等。①

　　这一阶段，儿童如果因勤奋做事而得到鼓励，日后就会养成良好、积极的学习和工作态度。如果勤奋得不到同伴、父母、老师的认可，他们就会对自己的行为产生怀疑，并逐渐形成自卑心理。因此，父母要经常赞美孩子，肯定孩子每一次通过勤奋得到的结果，帮助其逐步完善自己的整体人格。

二、儿童心理发展的方向性与顺序性

　　孩子出生之后，其心理发展就会表现出方向性与顺序性的特征，心理发展的方向与顺序既不可逆转，也不可逾越。比如，3个月到4个月的孩子已经有了抓握意识，但还没有完全掌握抓握的技巧，常常是手够不到物体或者错过物体，就算拿住了也不稳当，动作相当笨拙；6个月到7个月的孩子则能用手随意抓东西，并且能把东西放到嘴里。这必须等待孩子逐渐学习、领会"抓"这个动作，这个发展过程不可逾越。所谓发展过程不可逆转，简单来说，就是孩子学会直立行走后，就再也不会像以前那样爬行了。

---

① 参见王野坪著：《儿童护理》，高等教育出版社2009年版，第10页。

儿童心理发展的方向性与顺序性，具体体现在以下三个方面。

1. 从简单到复杂

儿童的心理活动开始是比较简单的，随着年龄的增长，他们的心理活动变得越来越复杂。比如，他们的思维从最初的动作思维，逐渐发展为具体形象思维，再进一步发展为抽象逻辑思维。

2. 从零乱到条理

儿童的心理活动最初是零乱的，缺乏有机联系。随着年龄的增长和经验的积累，他们的心理活动逐渐有了条理性、稳定性，并开始出现个性特征。

3. 从被动到主动

儿童的心理活动最初是被动的，他们主要受到外界的刺激和驱动。随着年龄的增长，他们的主动性逐渐增强，开始能够主动地探索和发现问题，并尝试解决问题。比如到了吃饭的时候，最开始是在父母的督促下才能来到饭桌前，到后来则主动坐到饭桌前。

三、儿童心理发展的不平衡性

儿童心理发展的不平衡性，是指在不断的发展过程中，儿童身心发展的速度并不一致。在不同的生长时期，儿童身心发展的速度和水平有着明显的区别，具体表现在以下两个方面：

一是不同年龄段，某一方面的发展不平衡。

婴儿期到学前期，是人生长发育最快的时期，也是大脑（智力）发育的关键时期。现代科学认为，生命的前3年是人发展的基础时期，也是教育的关键时期。这一时期，儿童在得到最佳物质营养的同时，又需要良好的环境与教育，父母既要善于发现和理解儿童的心理发展需求，又要能够捕捉其个性和志趣，如此，才能为其将来的成长打下良好的基础。

也就是说，儿童的身心发展的速度并不平衡，正如苏联教育家马卡连柯所说："教育的基础主要是在五岁以前奠定的，它占整个教育过程的百分之九十。"[①]

儿童的语言发展也表现出不同年龄段的不平衡性。0岁到1.5岁，这个年龄段的孩子能够感知到外界的声音，而且更容易听懂经常传到耳边的语言，如"妈妈""爸爸"。

---

① 参见李洁著：《天然心理调适法》，华东师范大学出版社2001年版，第4页。

1.5 岁到 3 岁，这个年龄段的孩子可以说一些简单的句子，但是没有主谓宾的概念，说的句子也没有逻辑条理；他们喜欢对身边感兴趣的事物提问，常常问"为什么"，因此这个阶段也叫"好问期"。

3 岁到 5 岁，这个年龄段的孩子已经完全具备语言表达能力，能够准确表达自己的想法，并喜欢与身边的人进行语言沟通。

6 岁到 8 岁，这个年龄段的孩子已经掌握了很多语言知识，沟通能力进一步提高，语言表达能力完全可以满足日常生活所需。

9 岁到 12 岁，这个年龄段的孩子更加渴望通过语言表达来展示自我，其语言表达也能显示出一定的独特性。[1]

二是同一年龄段各方面发展不平衡。

这里涉及一个生物学兼心理学的概念，那就是关键期。关键期也叫最佳期、敏感期、转折期、临界期，是指在某一年龄段，人的某种身心潜能处于最佳发展状态，而其他身心潜能的发展则相对较缓。

比如，0 岁到 1 岁是婴儿身高和体重生长发育的关键期，这一年中，身高会比出生时增加 50%，体重会增加至出生时

---

[1] 参见李洁著：《天然心理调适法》，华东师范大学出版社 2001 年版，第 4 页。

的 2 到 3 倍。相对而言，其他功能（如消化功能）的发展则较为缓慢。

2 岁到 3 岁是语言表达能力发展的关键期，这个阶段，孩子能掌握一些简单词汇，并且可以运用两到三个不相关的词汇，表达自己的想法。他们会说"帽帽、外外"，意思是"戴上帽子到外面"，这个阶段，其他方面的发展较为缓慢。

4 岁到 5 岁是儿童注意力和想象力发展的关键期，身边的新衣服、玩具、书画等都能引起他们的好奇心；而且儿童会在生活和游戏中逐渐形成想象力，比如，父母把水淋到孩子的头上，他们会非常开心，并且会说："下雨啦！"相比于注意力和想象力，这一阶段，孩子其他方面的发展较为缓慢。

四、儿童心理发展的差异性

心理发展的差异性，是指不同个体在心理发展过程中，在不同方面（如语言功能、思维能力、运动能力等）存在差异；或者说在同一时间段，不同个体在某种功能的发展速度、稳定性等方面都存在差异，而且是很大的差异。比如，一个儿童擅长绘画但对音乐不感兴趣，另一个儿童则相反，喜欢音乐但对绘画不感兴趣；一个儿童喜欢算术但对文字不感兴趣，另一个儿童则相反，喜欢文字却对算术不感兴趣。即使是双胞胎，也存在心理发展上的差异。

儿童之所以存在心理发展的差异，主要是因为他们的遗传素质、生活环境、家庭教育各不相同。

遗传即亲代通过繁殖将基因传递给后代，后代获得亲代的基因，相应地，会呈现出类似亲代的形状或特点。遗传素质是儿童心理发展的生物基础和自然条件，比如，畸形无脑儿天生不具有正常大脑，所以无法形成思维。一个儿童先天失聪，那么他便可能无法辨别声音，长大后一般不会成为演讲家或者歌唱家。

遗传带来的解剖生理特征，尤其是中枢神经系统特征的差别，更能够证实儿童心理发展的差异性。假如我们在医院观察刚出生几天的婴儿，就会发现有的手脚乱动、哭闹不止；有的则比较安静、容易入睡。

生活环境对儿童心理发展的影响也非常重要。假设一个婴儿身体组织、器官都非常健全，但如果脱离人类社会，他也不可能学会说话，也不可能形成正常人的心理机制。

儿童心理发展存在差异的原因，除了先天性遗传因素，还有生活环境的影响。

此外，家庭教育也会导致儿童心理发展差异。心理学研究表明，儿童在不同时期会产生不同的心理需求，同时也会产生不同的心理危机。如果父母对孩子的心理需求的关注不够，孩子的心理需求常常得不到满足，长大后他们可能产生心理危机，形成消极的个性特征，如胆小，自卑，缺乏安全感，对自己或他人"鸡蛋里挑骨头"，不喜欢参与竞赛，等等。反之，如果父母对孩子的心理需求有足够的关注，他们长大后一般不会产生心理危机，而且眼界开阔、性格活泼，能够建立良好的社交关系。

第二章　了解儿童语言沟通能力发展特点

儿童语言能力的发展是一个循序渐进的过程。从最初只能发简单的沟通音节到词汇量逐渐增加；从"对话言语"到"独白言语"；从"情境性言语"到"连贯性言语"；后来逐渐掌握一定的语言表达技巧。掌握儿童语言沟通能力发展的特点，有助于父母在这方面进行科学引导，帮助其逐步提高语言表达能力。

一、从"对话言语"到"独白言语"

语言是人类最重要的交际工具，在智力测验中，言语能力常常被作为测验儿童智力发展的一项重要的指标。从呱呱坠地，儿童便开始学习语言，从最初的发音含混不清，到表述流畅，一般会经历从"对话言语"到"独白言语"的发展过程。

对话言语是人们通过相互谈话进行沟通时的言语，既是一种情境言语,又是一种简约言语。心理学上的对话言语指两个人或多个人进行沟通时的言语,是最基本的语言形式。对话言语是有互动的,假如一方讲话,另一方不讲话,就会出现沟通障碍。

出生不久的婴儿不会说话,但已经具有使用"对话言语"的能力。随着婴儿一天天长大,他们看到父母和自己讲话时,小嘴就会一张一合地予以回应,直到能够发出简单的"啊"声。

儿童"对话言语"能力提高的一个标志,就是具备"话轮意识"。"话轮"是谈话中的最小单位,是指"一个说者在会话过程中,从开始说话到停止说话或被他人打断、替代为止所说的话"。比如:"你要去哪里?""我去公司。""你要去哪里"是一个话轮,"我去公司"又是一个话轮。3个月左右的婴儿已经具备了话轮意识。父母和他说话时,他会安静地倾听。父母停下说话,他便会以"嗯、啊"之类的词语与其沟通。

2岁到3岁的儿童的语言沟通能力发展非常迅速,一般都能掌握日常生活中的基本用语。从说单字到说双字词,然后会说简单的短句,如"妈妈去买菜",等等。

3岁到4岁的儿童已经能够主动讲述生活中的事情,但由于词汇贫乏,表达很不流畅,常有一些多余的口头语。同时,他们会主动发起沟通,常常问"这是什么""那是什么",

这时，父母应积极配合，满足孩子的沟通需求。

5岁左右的儿童已经具有很强的逻辑思维能力，并且能够使用"为了""因为""后来""结果"等词汇，也能够使用"但是"之类的转折词。例如，"我要回家了，因为妈妈在等我吃饭""虽然我想和你玩，但是今天要去外婆家"等。

5岁之后，随着独立性的不断发展，儿童沟通的方式逐渐从"对话言语"过渡到"独白言语"。所谓独白言语，是指一个人独自进行的言语，如演讲、报告、背诵诗歌、自言自语等。[①]

受自我中心思维的影响，儿童往往会从自己的观点出发，进行独白言语。比如，把一个玩具当作有生命的小朋友，对玩具说，"你渴了吗？姐姐给你喝水""你热吗？姐姐给你扇扇子"，而且能够在重复讲话中感到心情愉悦。

独白言语能够提高思维能力，比如，我们看到几个儿童在一起玩，他们各玩各的、各说各的，这种方式被称为"集体独白"。就算一个儿童的言语好像刺激了另一个儿童的言语，他们仍然是各说各的、各玩各的。实际上，在这种独白言语的刺激下，儿童的思维能力也能够得到提高。

儿童的独白言语是在对话言语的基础上发展而来的，由

---

① 参见张永红主编：《培养孩子好心智——儿童心理健康培养教育》，人民军医出版社2006年版。

于没有沟通对象的配合，必须用连贯、准确的言语进行表达，因此，独白言语比对话言语更为复杂、更为高级。

二、从"情境性言语"到"连贯性言语"

由于年龄所限，3岁左右的孩子不能用完整的言语表述想法，只能想到哪儿说到哪儿，往往还要加上手势和表情作为辅助，存在表达跳跃的现象，这种言语就是"情境性言语"。父母需要结合当时的情境，观察儿童的表情和手势，边听边猜，才能明白他们的真正意思。

例如，一个3岁的孩子向别人讲述一件事情："有警察叔叔，小偷，打架……太厉害了。电视上看到的，爸爸也看了，还有妈妈。"他一边讲，一边做出一些表情和手势，好像别人已经知道他要讲的内容似的，其实听者需要仔细琢磨才能明白他的意思。

由于掌握的词汇不够丰富，言语表达能力较弱，3岁之前的儿童基本上都使用情境性言语，这种言语在儿童的交际过程中发挥着巨大的作用。

随着年龄的增长，儿童使用情境性言语的比例逐渐下降，使用连贯性言语的比例逐渐上升。所谓连贯性言语，是指句子完整、前后连贯、能反映完整而具体的思想内容，使听者从语言本身就能理解讲述者的意思的言语。

儿童的言语功能从情境性言语过渡到连贯性言语，需要一个过程。在这个过程中，儿童在叙述不太熟悉或预先没有考虑的事情时，言语的情境性成分和非言语线索较多，语句很不流畅；在叙述比较熟悉的事情，或者讲述由父母事先讲过的故事时，叙述的连贯性就较强。

5岁左右，儿童掌握的词的种类逐渐丰富，连贯性言语逐渐占据了沟通活动的主导地位，言语表述更具独立性，主题更加明显，纯语言性不断增强。

比如，几个孩子玩游戏，他们会说："你千万别动，等我下达命令，你再开枪。"从动物园回来后，他们会向别人描述当时的情景："今天上午爸爸带我去了动物园，里面有猴子、大象、老虎、孔雀、长颈鹿，非常好玩。"

总之，从情境性言语到连贯性言语的发展是儿童口语表达能力提高的重要标志，为其进入学校接受正规教育、学习书面语言奠定了基础。

三、语言的逻辑性提高

语言逻辑，就是能够合情合理地与常人交谈，而不会出现思维混乱、语序颠倒、语言发散的情况。儿童语言功能发展的一大特点就是语言逻辑性逐渐提高，具体表现在以下几个方面。

1. 语言中包含了"时序概念"

人脑认识时间和顺序的概念的过程比较复杂,儿童正确掌握时间长度、时间关系,以及由近到远的顺序关系,需要积累足够的生活经验,然后才能用具有逻辑性的语言表达自己的想法。比如,他们渐渐会说"早晨要起床喽""马上吃午饭了""晚上睡觉觉""等一会儿我去拿……""先洗手后吃饭""先喝奶后睡觉",等等。

2. 语法进一步发展

儿童语法的发展表现为讲述时由短句子向长句子的过渡、由零碎向完整的过渡、由简单向复杂的过渡。

4个月到5个月的婴儿只会发出简单的"哦""啊"等单音节。

6个月到12个月时,他们就能够清晰地说出"妈""爸"等字,有的孩子在8个月时就可以说出"妈妈"和"爸爸";会模仿父母说话的语气和语调,还会模仿小动物的叫声。

1岁到1.5岁时,随着认知能力的提高,他们能认识一些常见物品,如苹果、帽子、勺子等,因此,掌握的语言常常与身边的物品有关。比如,他想吃苹果了,便会说:"妈妈,苹果。"为了进一步提高孩子的语言逻辑性,妈妈要及时回应:"妈妈马上给你一个苹果。"如果他想到外面去玩,就可能会说:"妈妈,帽帽。"妈妈要回应:"好的,马上给你戴帽帽，然后出去玩儿。"

这个阶段，儿童语言的一大特点是以音代物，即常常用物体发出的声音代替物体的名称，如把小狗叫作"汪汪"，把汽车叫作"嘀嘀"。这种语言特点的形成与儿童"以音代物"有关，他们已经具有一定的具体形象思维能力，因此容易将"汪汪"和"小狗"、"嘀嘀"和"汽车"联系在一起。

1.5岁到2岁时，他们语言的逻辑性进一步增强，能够说出结构完整但无修饰语的简单句子，如"宝宝看看""宝宝喝水水"，等等。

3岁的儿童不但能够理解并直接感知事物，而且能描述他们所熟悉的但未直接感知的事物。这时，儿童基本上能够说出完整的句子，并能使用一些修饰语，如"两个娃娃玩弹球""小美的衣服很好看"，等等。

3岁到6岁时，儿童已经掌握了大部分语法，语言的逻辑性不断提高，能够使用主语、动词、形容词、连词等表达比较复杂的意思，比如："如果你给我黑色的小汽车，我就和你玩""今天圆圆不但穿了漂亮的衣服，还扎了个漂亮的辫子"，等等。

6岁到12岁的儿童已基本具有成人的语言能力，但仍然在不断积累词汇，以提高语言表达的逻辑性。这时，他们除了喜欢听故事、复述故事，还能总结出故事的主题；此时，他们已熟悉了一些语法知识以及语言的逻辑性，如果有人说错了，他们会做出判断，并且能够指出别人的语法错误。①

3. 掌握表示逻辑的连词

在家庭教育及社会环境的影响下，孩子慢慢会掌握以下表示逻辑关系的连词。

承接连词：就、于是、至于、说到、像、比如，等等。

并列连词：与、同、和、跟、及，等等。

选择连词：或、不是……就是……，等等。

因果连词：由于、因为、原来、因此、所以、以便，等等。

转折连词：但是、然而、却、不过、不料，等等。

比较连词：好比、似乎、好像、如同、等于、不如，等等。

假设连词：假如、假使、如果、要是，等等。

总之，儿童语言的逻辑性与其大脑思维能力、心理发展程度互相依存，紧密联系。正如亚里士多德所说，"口语是心灵的经验的符号，而文字则是口语的符号"。从孩子3岁开始，父母就要注重提高孩子的语言逻辑性，采用提问题、讲故事、强化数字概念、指导阅读等方法，可取得良好效果。

---

① 参见张天军主编：《学前儿童语言教育》（第二版），复旦大学出版社2016年版，第11—17页。

四、掌握语言表达技巧

语言表达是人类特有的一种高级交流工具,是学习、社交活动中的一项重要能力。随着年龄增长,儿童会逐渐掌握以下语言表达技巧。

1. 控制声音的高低

声音的高低可以反映一个人的心理特征。一般情况下,儿童说话时音量高低适中,而且会与场景互相配合。但是当想要强调某一点的时候,他们就会说得大声一些,以便引起父母及周围人的注意。

比如,父母问孩子:"宝贝儿,今天幼儿园老师表扬你了吗?"

他会提高音量回答:"表扬啦,表扬啦!"

孩子不小心把杯子打翻,父母问:"是你打翻的吗?"

孩子这时存在畏惧心理,因此会压低声音说:"是我,是我不小心碰掉的。"

2. 控制说话的速度

儿童说话的速度不仅能体现其性格,也能反映出当时儿童的心理状态。一般来说,语速较快的儿童,性格相对活泼外向;语速较慢的儿童,性格相对比较老实,也偏于内向。

无论是外向型儿童还是内向型儿童，只要成长到一定阶段，他们都能够有意识地控制说话的速度。

孩子心情愉快的时候，语速往往较快，比如，遇到下雪天，他们便会说："下雪了！下雪了！树枝变白了，屋顶变白了，大地变白了！"

当孩子心情沮丧时，语速往往较慢，比如，他给父母讲故事："小白兔来到山上采蘑菇，好不容易装满了一篮子，可是回家时摔了一跤，篮子掉到悬崖下面去了。小白兔伤心地哭了，呜——呜——呜——"讲到伤心的事时，孩子的语速往往会变慢。

3. 把握语言的停顿

我们说话时，有些句子太长，一口气说不完，只能中途停下来换气，此时就产生了停顿。此外，停顿是表达心理需求的一种方式，停顿可以更加清晰地表达内容、更加明确地体现情感。孩子学会适时停顿，说明他的沟通能力正在慢慢提升，比如：

妈妈："今天晚上我们去吃汉堡。"

女儿："嗯？你说吃什么？"

妈妈："汉堡。"

女儿："哦，好的。"

女儿没听清妈妈说的话,于是问了一下。妈妈意识到女儿没听清她说的话,便又重复了一遍。女儿理解了妈妈的意思,回答中说了"哦"之后略作停顿,意思是告诉妈妈她已经听明白了。

总之,如果孩子能够调整声音的高低、变换说话的速度、学会适时停顿,与人沟通时其语言便会更加生动、更具感染力。

第二部分

明确亲子沟通的目标和原则

第一章 亲子沟通的意义

亲子之间的良好沟通可以打开孩子封闭的心灵，这不仅能帮助父母了解孩子在成长过程中出现的心理问题，还能够及时引导孩子的人生发展方向。改变不良的亲子沟通模式，能够提高孩子的人际交往能力、提升孩子的自我价值感。

一、亲子沟通的重要性

亲子沟通是父母与孩子之间传递思想感情、捕捉对方反馈的信息的过程，沟通的目的就是达到思想一致。在孩子的成长过程中，亲子沟通具有重要意义，主要体现在以下几个方面。

1. 有利于父母全方位认识孩子

许多父母对孩子的认识只停留在表面，对孩子的内心世界缺乏了解。比如，有的孩子在幼儿园里偷拿了小朋友的文具，父母得知后大吃一惊："怎么会这样呢？我们家的孩子从来不拿别人的东西呀！"

经常进行亲子沟通，可以让父母全方位认识孩子。在此基础之上，鼓励孩子发扬优点、改正缺陷，才能一步步引导孩子健康成长。

2. 影响孩子人生目标的确立

孩子就像一张白纸，其人生目标的确立需要父母的指导。在亲子沟通不畅的家庭中，孩子往往没有明确的人生目标，其成长具有"自由性"，父母都不知道孩子的最终发展方向。而良好的亲子沟通则可以帮助孩子确立人生目标。

一位父亲在儿子小学时候给他定的目标是：每周学会200个生字、记住50个英语单词、学会唱一首歌、画三幅画等。儿子认认真真完成了这些目标。

上了初中，父亲给他定的目标是：考进重点高中、在班级的综合排名在前3名。儿子没有辜负父亲的希望，考进了重点高中，在班级的综合排名也维持在前3名。

后来儿子考上大学，学了英语专业，毕业后当了翻译，找到了一份非常不错的工作。不得不说，儿子取得的成绩有父亲严格督促的功劳。

现实中，虽然很多人有学识、有实力、有经验，但是由于其目标设定得太低，缺乏远大的理想和抱负，导致一生碌碌无为。

3. 有利于营造有爱的家庭氛围

生活中，我们经常会听到父母的抱怨："我很爱我的孩子呀，为什么他一点也感受不到？"针对这个问题，我们先来看看下面两种亲子沟通的方法。

（1）下班后，母亲给女儿买了她平时爱吃的水果，并问她能为自己做些什么。女儿思考了一会儿，说："我为妈妈唱首歌。"

（2）儿子数学考了满分，回家后高兴地问爸爸周日能否带他去游乐园。父亲说："就算你没考满分，我也会带你去的。带你去不是因为你的考试成绩好，而是因为爸爸爱你！"

在第一个例子中，母亲听到女儿唱歌，获得了暂时的愉悦。可是她发现"到后来，不给孩子一些奖励，孩子就不愿为她做一些事情"。这是因为她的做法给孩子带来了心理上的错觉：要想得到父母的爱，就需要付出些什么，这是有条件的爱。长此以往，孩子心理上就会缺乏安全感，产生一些负面情绪。

在第二个例子中，爸爸的做法非常正确。因为他让孩子感受到父母的爱是没有条件的，并不会因为他们付出了爱就期望孩子达到什么目标。这种没有操控性和目的性的爱，才是真正的爱。

由此可见，采用正确的亲子沟通方法，能够营造有爱的氛围，让孩子感受到父母的关爱、赞美与包容，从而建立对家庭的安全感、信任感和幸福感。

4. 有助于孩子融入社会

亲子沟通的过程也是帮助孩子树立自我形象的过程。通过良好的沟通，孩子能够掌握正确的沟通理念和技巧，养成替他人着想、尊重他人的品质。这样的孩子无疑会受到父母、老师、同学、朋友的喜爱，从而更好地融入社会。

浩浩是一名小学生，在他还未出生时，爷爷患了中风，差点成为植物人，于是一家人无微不至地照顾着爷爷。

浩浩从小就知道把最好吃的东西给爷爷吃、把最好玩的东西给爷爷玩。在学校，他是懂事的"小大人"。每当同学为一些小事吵闹，他总会主动上前劝阻。他和颜悦色地劝说，总能使犯错的同学心平气和地认错，并表示坚决改正。因此，老师和同学都非常喜欢他。①

在父母的言传身教下，孩子明白了做人要有爱心、有孝心的道理。此外，这种沟通方法也有利于帮助孩子建立良好的人际关系。

5. 助力孩子人格魅力的形成

现代心理学认为，人格的含义非常广泛。我们可以把影响个体行为的因素分为两大类：环境因素和人格因素。也就是说，除了环境因素外，人格是影响个体行为的个体自身所有因素的总和。它包括能力、性格、气质、动机、理想、价值观、爱好及倾向性等，是个体生理素质、心理素质、道德素质的"综合体"。

每一个人都有自己的人格魅力，儿童也不例外。每一个儿童都需要培养自己的人格魅力，这不仅关系到其正常的心理发育，还会影响其今后的人生轨迹。心理学研究表明，在培养孩子人格魅力方面，亲子沟通起着很大的作用。

亲子沟通可以帮助父母培养孩子的良好性格、有助于孩

---

① 参见严行方著：《小学生这样脱颖而出》，世界图书出版公司2010年版，第13页。

子释放压力,等等。需要提醒的是,亲子沟通是父母的一门育儿自修课。由于父母与孩子存在年龄、思想和心理方面的差异,父母在与孩子沟通时要有足够的耐心,如细雨润物,千万不可操之过急。

二、影响亲子沟通的主要因素

影响亲子沟通的因素有很多,归纳起来大致有以下几种。

1. 家庭结构

我国的家庭结构类型大约有十种,其中最常见的为核心家庭和三代人家庭。核心家庭就是父母和未成年子女两代人组成的家庭,通常称为"小家庭"。这种家庭结构简单,是所有家庭中最稳定的一种。三代人家庭是指核心家庭中再加上父母的父母,也称主干家庭。

这两种家庭结构的成员的数量、年龄均不相同,因此也会对亲子沟通产生一定影响。孩子年纪尚小,对不同亲人可能会有不同的看法甚至情感。需要注意的是,在主干家庭中,祖辈不可过于娇惯、溺爱孩子,不可无原则地满足孩子的要求,否则就会助长孩子爱慕虚荣、自觉高人一等的心理。父母更要教育孩子尊敬长辈,不可大声呵斥、打骂祖辈。

2. 夫妻的自我状况

夫妻的自我状况包括其幼年的成长环境、文化程度、价值观、夫妻关系、身体健康状况以及情绪状态等。许多父母在身体疲惫或者情绪低落时，会放大孩子的缺点，对孩子大声呵斥批评，这样自然会影响亲子沟通的顺利进行。

大量事实证明，在夫妻关系和谐、教育理念相似、文化程度较高的家庭中，父母往往更容易和孩子沟通。如果夫妻经常争吵、意见不合，则往往会给亲子沟通带来障碍。

3. 孩子的性别

科学研究表明，男孩和女孩的大脑成熟的顺序并不相同，语言沟通能力的发展也存在一定差异。男孩在语言表达的逻辑性和缜密性等方面优于女孩；女孩在语言表达的流畅性、清晰性等方面优于男孩。此外，男孩往往性子急躁，缺乏耐性，女孩则比较稳重，且内心敏感细腻。

男孩与女孩的区别是父母进行亲子沟通时必须考虑的。与男孩沟通时不需要拐弯抹角，或者夹杂太多的情绪，而应使用简短直接的要求和指令；与女孩沟通时，则要满足她的情感需求，如讲一个有趣的故事、画一幅简单的图画，然后再慢慢传递我们的要求和指令。

三、常见的不良亲子沟通模式

常见的不良亲子沟通模式有以下四种：

一是指责埋怨型。

这类沟通模式多数由口头语言体现出来，少数也会由肢体语言表现出来，如瞪眼、用手指指孩子，这类父母一开口就是指责埋怨：

"你怎么那么不小心，把花瓶都打碎了！"

"成天就知道玩手机，老师布置的作业还写不写了？"

"我算倒了霉了，怎么生了你这么个熊孩子？"

打碎花瓶，只顾着玩手机而忘写作业等是孩子常犯的错误。由于孩子心智发育尚不完全、控制力差、注意力不集中，犯这些错误在所难免。忽略了孩子的优点，一看到孩子犯错就指责埋怨，往往会让孩子不知所措，产生懊恼心理："我怎么又犯错误了？妈妈是不是不爱我了？"久而久之，孩子就容易产生自卑心理。

二是迁就讨好型。

与指责埋怨型相反，这类父母的最大特点是忽略自己，内在价值感比较低。他们把孩子当作王子、公主，处处迁就讨好：

"你去吉他兴趣班报名吧，爸爸送你一部刚上市的智能手机。"

"你看妈妈这脑子，忘了你不喜欢吃鸡肉了，明天给你做条鱼吃。"

"我的小宝贝，求求你，快点吧，马上就要迟到了。"

凡此种种，不一而足。这种沟通方法表面上看起来非常温和，但后果非常严重。孩子会从心理上认为父母处处让着自己，自己高人一等，会有一种优越感，很容易形成依赖、固执、软弱、任性、爱慕虚荣等人格缺陷。

三是打岔唠叨型。

当孩子述说某件事情时，有些父母会打岔、转移话题：

女儿："爸爸，今天上体育课，班长的鞋子'飞'到空中，恰巧挂在树上，太有趣啦！"

爸爸："先把书包放下，茶几上有酸奶，你喝了吧。"

父女俩的交谈，正应了那句话——风马牛不相及。女儿认为班长的鞋子挂在树上是一件有趣的事，她的心理需求是让爸爸共同分享快乐，然而对方转移了话题，沟通失败。

还有些父母爱唠叨：

儿子："妈妈，我想买条裤子。"

妈妈："你春节时买的那两条牛仔裤都还好着呢。上个月二叔不是也给你买了一条蓝色裤子吗？你这孩子怎么回事，究竟要穿多少条裤子？现在的钱多难挣啊，不买不买……你现在的任务就是努力学习，听到了吗？"

儿子丢下一句"不买就不买"，一摔门，回到自己的房间。

这种唠叨型沟通模式毫无效果，还会让孩子陷入烦躁、焦虑之中，很容易使孩子出现对家人的逆反和抵触，长大后也会缺乏安全感。

四是超理智型。

沟通本身就是一种情感交流活动，目的是消除双方的分歧、拉近双方的心理距离。而超理智不同于理智，如下面这位父亲：

"爸爸，我想买个铅笔盒。"

"为什么？"

"现在这个不好用了。"

"怎么不好用了？"

"昨天掉地下摔坏了。"

"一点都不知道爱惜东西。"

"……"

这就是典型的超理智型沟通模式，父母以"完美"的提问，让孩子无法将沟通进行下去。处在这种家庭环境中的孩子，在"超理智"的约束下，长大后很容易出现缺乏热情、刻板固执等不良社交障碍。

第二章 亲子沟通的 7C 原则

一、可信赖原则

要想进行良好的亲子沟通，首先要遵循可信赖（Credibility）原则，即在互相信任的气氛中进行沟通。这种气氛应由主动沟通者（即父母）创造，它直接反映父母是否具有真诚的沟通态度。

可信赖原则的核心就是父母以身作则，不能撒谎，要能够说到做到，让孩子觉得父母可以信赖。比如，妈妈要去参加朋友聚会，无法带上孩子。如果孩子能够表达自己的情绪，往往会说："妈妈别走，陪我，陪我。"这时母亲首先要安抚孩子的情绪，告诉他自己只是暂时离开，很快就会回来。其次，母亲必须遵守诺言，用最短的时间结束聚会，回家陪伴孩子。如果孩子年龄太小，无法表达自己的情绪，母亲临走之前可以亲吻或拥抱孩子，回来后再次亲吻或拥抱他，这样就可以给他留下"母亲没有离开、可以信赖"的印象。

一个周末,一位父亲带着两个儿子去打迷你高尔夫。他走向售票处问道:"小姐,门票多少钱?"

"成年人100里拉,6岁以上的小孩也要100里拉,刚好6岁或小于6岁的小孩免费,您的孩子几岁了?"

父亲回答说:"那个未来的医生7岁,另一个未来的律师3岁,因此,我得付200里拉。"

售票员笑了,说道:"先生,其实您只要告诉我较大的男孩6岁,就可以省下100里拉,我又看不出6岁男孩与7岁男孩有什么差别。"

父亲回答说:"你说的没错,你看不出有什么差别,但是孩子知道,那是不同的。"[1]

故事中的父亲用自己的行为为孩子树立了诚实的榜样,这种诚实能够换取孩子的信赖。如果每位父母都能像他那样,用一言一行影响孩子,在亲子沟通中就更容易获得孩子的信任。

需要注意的是,冰冻三尺,非一日之寒,亲子之间的信任感也不是一朝一夕培养出来的。有些父母为了尽快稳定孩子的情绪,偶尔会编一些"善意的谎言"。时间久了,孩子

---

[1] 参见袁建财编著:《只有失败的父母,没有平庸的孩子》,金城出版社2008年版,第100页。

一旦发现，心中就会想：父母是世界上最值得相信的人，可是他们仍然会骗自己。由此一来，他对周围世界的信任度便会大大下降。因此，父母切忌使用"善意的谎言"。

二、一致性原则

一致性（Context）原则也可翻译为"情境架构"，意思是沟通时既要照顾到父母的感受，又要照顾到孩子的感受，而且使用的沟通语言必须与情境，如社会环境、心理环境、物质环境、时间环境等保持一致、互相协调。这里说的情境可以理解为家中、公园里、车里、超市里等，也可以是与孩子在一起的任何地方。只有将父母、孩子、情境这三个要素统一、融合起来，才能收到良好的亲子沟通效果。

我们假设一个场景：孩子在寄宿制学校上学，今天是周日，下午孩子就要去学校了。父母在与孩子沟通时，要想照顾到自己的感受，可以分四步传递自己的信息。

第一步，表达我观察到了什么。可以说：我看到你的情绪有些失落。

第二步，表达自己的感受。可以说：我能理解你的心情，因为你下午就要离开家去学校了。

第三步，表达自己的想法。可以说：可是今天天气很好，我们一家三口去公园散散步吧，还可以晒晒太阳。

第四步,表达自己的期待。可以说:我们出去散步最多用一个钟头,回来后离去学校还有一个钟头,我们利用这一个钟头时间安排你自己的事情,怎么样?

要想照顾到孩子的感受,需要做到以下四点。

倾听。认真倾听孩子的看法和意见。

尊重。尊重孩子的人格、看法和意见。

积极关注。对孩子的言行给予关注,避免用漫不经心的态度与其沟通。

真诚。在亲子沟通过程中,由于双方的观点、认知、理念不一致,往往会起争执。作为沟通发起者,父母必须保持内心的平静,这样才能以真诚的态度与孩子沟通。

另外,沟通的语言要与情境相协调。情境包括双方的角色与关系、沟通的氛围、沟通时的环境或社会背景。

比如,父母带孩子来到公园,看见老大爷在打乒乓球。孩子被眼前飞来飞去的乒乓球吸引了,这时可以对他说:"白色的小球好玩吧?"

"发出的声音很好听吧?"

"看,小球飞得多快啊!"

年龄较小的孩子往往会回应:

"球,球,好玩。"

这种语言与环境相协调的沟通方式,有利于培养孩子的兴趣和自信心。

三、可接受原则

可接受（Content）原则是指沟通内容必须引起沟通对象的兴趣、满足他们的需要、易于让他们接受。

在与孩子沟通时，许多父母都犯了一个错误，就是常常想"应该对孩子说什么"，却不考虑"如何说才能让孩子接受"。

> 很多父母在孩子去学校之前都要再三嘱咐，路上一定要注意安全，过马路走人行横道，不要吃陌生人给的食物，和同学发生矛盾要向老师汇报……但孩子听多了就会产生反感，甚至会觉得"天天说的都是这些，真烦人"。

显然，孩子并没有接受父母传递的信息。那么，如何才能让孩子最大限度地接受我们传达的信息呢？父母可以参考以下方法。

1. 掌握说话的技巧

与孩子沟通时，说话的内容固然重要，但相同的内容，用不同的方式表达出来，会有完全不同的效果。

比如，孩子写作业磨磨蹭蹭，一直拖到晚上9点多。如果父母说："怎么写得这么慢？明天还要上课，赶紧写，写完睡觉！"孩子本来就在因为没写完作业而感到心中烦躁，再听父母这样说，往往就会产生抵触情绪，甚至更加磨蹭。

如果父母改变一下说话的方式，这样对他说："哪些地方不明白可以问我们，以后写作业要抓紧时间，否则休息不好，第二天上课犯困，听不懂老师讲的知识。"孩子听了，会觉得父母是在帮自己考虑问题，一般更容易接受。

再如，我们想让孩子去扫地。如果对他说"你去把地给我扫了"，这种命令性的言语总会让人感到不舒服。同样的意思换一种表达方式，"如果有人帮我扫地，我会非常开心"，孩子就会觉得"我的付出能给父母带来快乐"，从而乐意去扫地。

2. 拉近与孩子的距离

与孩子沟通时，有些父母常常摆出一副高高在上的姿态。比如，孩子考试成绩不理想，有些父母会这样说："怎么才考了91分？还不如上次呢！我小时候比你强多了。"孩子虽然嘴上不会说，但心里可能会想：哼，你小时候？你小时候还不如我呢！

如果换一种说法，结果就会大不相同，"这次考了91分，有些退步了。不过我小时候经常考80多分，还不如你呢。继续努力吧！"这样就会拉近与孩子的距离，他们受到鼓励，以后会更加努力。

3. 选择合适的时间

与孩子沟通需要选择合适的时间，否则不会收到良好的效果。比如，孩子正在全神贯注地看动画片，父母突然凑过来说些事情。谁都不愿意被无缘无故地打扰，孩子没有做好沟通的准备，结果多半是敷衍了事。因此，亲子沟通，要选择在双方都空闲且心情放松的时候进行。如果有很重要的事情需要马上沟通，那就让孩子先停下手里的事情，然后再与其沟通。

四、明确性原则

生活中，我们常常能听到父母这样教育孩子："我已经跟你说了好几次了，怎么还是做不好呢？"

为什么会出现这种情况？主要原因是父母在与孩子沟通的过程中没有很好地执行"明确性（Clarity）原则"，孩子没有真正领会父母的意思。

我们知道，沟通有三个组成部分，分别是信息的发出者、信息的接收者、传递的方式。沟通的目的就是形成共识、达成一致，然后正确执行、予以反馈。如果父母传递的信息不当，如指令模糊，孩子就会感到茫然和无所适从。

虽然明确性原则在不同领域有着不同的表述，但简单来说就是传递的信息应该非常明确，以易于沟通对象接受。

父母要想做到这一点，首先要明白孩子的真实意图，再给予明确答复。

例如，儿子问："妈妈，你去买菜吗？"

儿子提出这个问题，可能有两种意思。一是他想跟着妈妈去买菜，这时妈妈可以回答："马上就去，你和妈妈一起去吧。"儿子会高兴地答应："好！"

二是他想趁着妈妈出去买菜，玩一会儿游戏。

这时妈妈可以说："上午不去，等你写完作业，下午再去。"

此时儿子只能回应："哦，好吧。"

其次，要避免沟通缺乏主题，比如："你在干什么呢？马上就要开饭了，去洗手吧。瞧你的房间乱七八糟的，我已经说过多少遍了，女孩子更应该讲究卫生，回头收拾一下。哦，对了，老师布置的作业你写完了吗？"

像这样语言混乱的沟通方式，恐怕任何一个孩子都难以接受。正确的说法是："马上开饭了，赶快去洗手。"做到重点突出、中心明确。

再次，要告诉孩子完成事情的方法。一次良好的沟通，一般含有正确的行动手段和程序说明。如果父母说"下次一定要注意了"，或者"先不去管它"等，孩子不一定总能准确领会父母的意思。这时，父母就应详细地告诉孩子完成任务的方法，以及需要注意的事项等。

最后，要明确告诉孩子完成事情的时间。比如，对孩子说"我们下午要去外婆家,你上午抓紧时间写作业"就是一条语意不明的指示,因为它没有说明留给孩子多长时间写作业。正确的说法是:"我们下午要去外婆家,12点钟吃午饭,你要在11点半之前完成作业。"

五、多渠道原则

多渠道(Channels)原则是指有针对性地运用各种沟通方式向孩子传递信息。主动沟通者(父母)应当尽可能使用已经存在且孩子熟悉的方法。

总是使用同一种沟通方式,孩子心里会产生抵触和厌恶,因此,除了用语言沟通,还可以挖掘其他沟通方式,让沟通变得灵活多样。例如,父母可采取以下几种沟通方式。

1. 使用眼神

孩子在年纪尚小的时候,可能听不懂父母讲的道理,但却能够领会眼神传递的信息,如眯起眼睛微笑,孩子就能明白父母在表达善意;瞪大眼睛盯着他,孩子就能明白父母在表达怒意。

2. 拥抱

当孩子受委屈时,父母的拥抱能够直接安抚他们的情绪。

3. 暗示

当孩子犯错误时，父母可以摇摇头、摆摆手，或者拉拉孩子的手，用暗示的方式制止其行为，这比直接开口批评更易于使孩子接受。

4. 倾听

当孩子表达自己的意思时，父母要认真倾听，并选择适当的时机插话："是吗？太好了！快往下说呀。"

5. 俯下身子或者蹲在孩子面前

与孩子的双眼对视，这样能够满足孩子的自尊心，使沟通更加顺畅。

6. 使用文字

在孩子认识字、会写字的情况下，父母可以给孩子写留言条，这既避免了面对面交流给孩子带来的压力，又能够更好地把握表达的分寸。

7. 经常与老师沟通

进入校园之后，老师能够看到每个孩子的表现，父母经常与老师沟通，就能发现自己孩子的优点、缺点，就能有针对性地进行沟通、教育。

六、持续性和连贯性原则

亲子沟通没有终点,要想让孩子领会父母的意思,父母必须对传递的信息进行重复,而且在重复中补充新的内容,这一过程应该持续不断,这就是持续性和连贯性(Continuity and Consistency)原则。

比如,为了提高儿童的认知能力,父母可以问,"家里有哪些东西是圆的?"开始的时候,他或许会说出一两种物品,如"皮球、盘子"。此后,父母可以继续问同样的问题,他或许会说出更多种物品,如"皮球、盘子、苹果、西瓜"。采取这种持续的、连贯的沟通方式,可以强化儿童的记忆力、快速提高其认知能力。

再如,培养儿童形成良好的阅读习惯,也要坚持持续性和连贯性原则。在早期阅读活动中,孩子在父母的陪伴下一边欣赏图画书,一边倾听有趣的讲解,这是一种积极的情感交流和满足,对于孩子情感的稳定发展具有重要意义。父母可以给孩子规定阅读时间,绝对不可想读就读,不想读就不读了,这样就可能养成三天打鱼,两天晒网的坏习惯。同时,父母还要帮助孩子积累一定的阅读量,经常带孩子去书店、图书馆,让他们多参加一些阅读活动。

要想实现沟通的持续性和连贯性,父母可以从以下几个方面入手。

一是要帮助孩子确立科学的、有计划的学习目标。根据孩子的特长、爱好、兴趣,制定半年、一年,甚至更长时间的目标。父母要持续不断地检验目标实现的情况,遇到任何问题都要与孩子沟通,共同协商解决。当然了,目标并非一成不变的,父母要根据孩子的能力或者社会需求等因素,不断矫正、重新确立目标。

二是每天都要与孩子沟通。比如,每天晚饭后与孩子坐在一起,询问一下孩子的学习情况,帮孩子解决一些疑难问题,听孩子讲讲学校发生的有趣事情,等等。长此以往,孩子就会养成每天与父母交流的习惯,有利于他们身心的健康成长。

三是要不断给孩子传授新的知识。比如,当孩子识字以后,每周让孩子学习、背诵一首古诗词。日积月累,孩子的诗词储备量就可能高于同龄的孩子。

七、差异性原则

所谓差异性原则(Capability of Audience),是指与儿童沟通时应该根据其能力(如理解能力、接受能力、注意能力、行为能力等)上的差异采取不同的沟通方法,这样才能更容易让孩子理解和接受。

在教育领域,差异性原则是指心理健康教育要关注和重视学生的个体差异,根据不同学生的不同需要,开展形式多样、针对性强的心理健康教育活动,以提高学生的心理健康水平。

不同儿童的个体差异相当大,遵循差异性原则对其进行训练,可以收到良好的教学效果。

我们所说的差异,不仅是指不同孩子之间的差异,也包括同一个孩子在不同年龄段的差异。我们可以以不同年级的小学生的心理特征为例,聊聊亲子沟通的方法。

1. 小学一年级

一年级的儿童刚刚进入小学,面对新的环境,既感到新鲜,又不太习惯,其心理特征表现为好奇、好动、喜欢模仿,但很难做到专心听讲。

父母与一年级的儿童沟通时,应该帮助他们合理安排时间,积极鼓励和夸奖他们,激发他们对生活和学习的兴趣。

2. 小学二年级

二年级的儿童基本上适应了学校的生活,尽管他们的情绪波动可能仍然较大,但他们已经开始学会控制自己的情绪。他们渴望独立,不愿意让大人过多干涉他们的生活,但在实际生活中仍需他人的帮助。父母要注意其不良行为,一经发现要及时纠正;在学习上仍然要注重培养儿童的良好习惯，夯实他们的基础知识。

3. 小学三年级

三年级的儿童从情感外露、不自觉，逐渐转变为内控、自觉。随着年龄的增长，他们开始追求更多的自主权，并且意识到自己是集体的一部分，对集体活动感兴趣，能够区分集体中其他同学的优点和缺点。有些孩子可能会有过高的自我评价，甚至可能出现自负的心态。因此父母要耐心引导，及时帮助他们解决各种问题。

4. 小学四年级

四年级的儿童喜欢争论。如果同学之间对一个问题产生了不同意见，他们希望老师公正评判。此外，男女生开始刻意保持一定的距离。同时，四年级的儿童开始逐渐形成自我评价意识，如果老师批评不当，心里会感到非常委屈。

父母与四年级的儿童沟通，应帮助孩子树立信心，及时发现孩子的各种社交障碍并及时解决。在学习方面，要提醒他们上课认真听讲，完成作业后养成验算、检查的习惯。

5. 小学五年级

五年级的儿童，其独立意识、竞争意识、自控能力都在进一步增强，喜欢自发组成小团体。他们努力学习不仅仅是为了完成任务，也是为了赶超同学。

父母要帮助五年级的儿童树立积极进取的人生态度，促进其自我意识的发展。同时要尽量为孩子提供一些接触自然、社会的机会，让他们在实践中提高解决问题的能力。

6. 小学六年级

六年级的儿童，其自主意识更加强烈，习惯用批判的眼光看待其他事物，对父母和老师常常会产生抵触情绪。学习任务较重，可能使他们感受到心理压力，出现焦虑、紧张等不良情绪。

这时，父母要密切关注孩子的心理变化，督促孩子继续保持主动学习的态度，为小升初做好准备。

第 三 部 分

把握亲子沟通的关键问题

第一章　认知：超越无形的壁垒

在与孩子沟通的过程中，许多父母会陷入"先入为主""刻板印象""心理偏盲""完美主义"之类的误区。如果父母不能挣脱错误认知的束缚，就永远不会形成有效沟通的良性循环，甚至会引发孩子的抵触情绪。

一、避免选择性心理

选择性心理是指在大量信息中，人们所感知到的多数信息是那些与自己的兴趣、习惯、需求相一致或接近的部分。选择性心理主要表现在三个方面，即选择性注意、选择性理解和选择性记忆。

1. 选择性注意

选择性注意是指在外界诸多信息（刺激）中，只注意到某些信息（刺激）或信息（刺激）的某些方面，而忽略了其他信息（刺激）。在亲子沟通过程中，许多父母经常犯"选择性注意"的错误。

比如，孩子与小朋友追逐玩耍，把新买的玩具弄丢了，会被父母大骂一顿；考试时做错一道题，没能得到满分，父母大发雷霆；把"玉"字写成"王"字，父母会罚他把"玉"字抄写50遍；等等。

实际上，孩子可能还有很多优点，如擅长绘画、喜欢运动。父母为什么只看到孩子"粗心"的缺点，却对许多优点熟视无睹呢？原来，这些父母可能在参加高考的时候由于粗心漏答了一道题，与理想中的大学擦肩而过。他们对自己的"粗心"一直耿耿于怀，因此把所有注意力都集中在孩子"粗心"的缺点上。

这种做法就是"选择性注意"，即只关注自己选择的点。如果以这种方式与孩子沟通，就很容易引起孩子的迷茫和反感，不仅不利于其改正缺点，恐怕时间长了还会让其身上原有的优点消失殆尽。父母正确的做法是跳出"选择性注意"的束缚，全面审视孩子的缺点和优点。

2. 选择性理解

在沟通过程中理解别人的意思，是一个相当复杂的过程。不同的人对于同样的信息会有不同的理解，有时甚至是相反的理解。比如，人们在收看同一则关于罪犯接受审判的报道时,往往会产生不同的甚至是相反的理解,有的人憎恨罪犯的行为,有的人则会为罪犯的命运感到惋惜。

造成这种现象的主要原因是,我们在理解信息的过程中会受到主观因素(如心理、观念、态度、情绪、习惯等)的干扰,这也就是所谓的"仁者见仁,智者见智"。选择性理解是指对感知的事物进行信息加工、解释,并加入自身的理解,主要强调推测、说明、解释等。父母的"选择性理解",会造成与孩子的沟通障碍。

> 5岁的小女孩泰瑞总是打她2岁的弟弟,父母总是告诫她别打弟弟,如若不然,她就会受到惩罚,但泰瑞的行为却没有丝毫改变。因此,泰瑞常常在挨骂之后被送进她自己的房间。
>
> 泰瑞总感觉自己的位置被弟弟取代了,而她年纪太小,不知怎样才能引起父母的注意,打弟弟是获得父母关注的唯一办法。
>
> 一位心理咨询专家告诉泰瑞的父母,以后应该关注泰瑞有几次没打弟弟。
>
> 后来,泰瑞的父母经常表扬她与弟弟在一起玩得很好、夸奖泰瑞会照顾弟弟,让泰瑞知道父母为她的表现感到骄傲。泰瑞的父母所说的这些话在泰瑞的眼中与心里,被理解为父母的注意力已从盯着她的错误行为转为关注她

的正确行为。泰瑞的思想认识发生了转变，果然，泰瑞更加愿意照顾弟弟了。

由此可见，父母不要受"选择性理解"的影响，既要看到孩子的缺点，也要表扬他们的优点，长此以往，亲子沟通才会更加畅通。

3. 选择性记忆

选择性记忆是指人们接收和传播信息时，往往会记住对自己有利、有用的信息，或只记信息中与自己的观念、爱好、兴趣相符的部分，其他信息则会被遗忘。这主要是因为人的大脑具有意识过滤功能，重要的信息会被记录下来，不太重要的信息会被淡忘或是根本没有被记录下来。

比如，有些自认为健忘的人，常常会忘记钥匙放在什么地方、忘记与朋友的约会、忘记前几天走过的路……但是几年前见过的一个场景，对于他们来说，至今仍历历在目。这就是典型的"选择性记忆"。

以上所述的选择性注意、选择性理解、选择性记忆像无形的壁垒，会阻止我们获取全面、客观、正确的信息，妨碍亲子之间的正常沟通，每一位父母都要给予其足够的重视。

二、不要犯"先入为主"的错误

先入为主是指先接受的说法或思想或先获得的印象往往会在头脑中占主导地位,后来就不容易接受不同的说法或思想。心理学上称为首因效应,或者第一印象效应。

先入为主是心理学中的一个重要概念,其本质是一种优先效应。面对不同的信息,人们总是倾向于重视先获取的信息,后获取的效应会被认为是非本质的、偶然的。

先入为主的心理学现象在我们的日常生活中非常常见。这个第一印象效应会影响后续的互动模式,甚至影响双方关系的发展。举例来说,小张和小李同时去一家大型公司应聘。相比之下,小张在学历、能力、经验方面更胜一筹,可是小李着装自然得体、言谈举止温文尔雅,给面试官留下了良好的第一印象。结果小李顺利入职,小张未被录用。

先入为主具有先入性、不稳定性和误导性的弊端。因此,我们在对某些事物做出判断之前,应尽量避免先入为主,要全面考虑事物的各个方面,确保判断更加全面、更加理性。

19世纪,一个男孩在布拉格的一个贫穷的犹太人家中降生了。随着这个男孩逐渐长大,人们发现他虽身为男孩,却没有半点男子汉气概。他的性格十分内向、懦弱,而且非常敏感多疑,总是觉得周围的环境会对他产生压迫和威胁。防范和躲避的心理在他心中根深蒂固，并呈肆意增长之势，令周围人都觉得他是一个神经质、可怜虫。

男孩的父亲也有先入为主的观念，他感到非常失望，竭尽全力想把儿子培养成一个标准的男子汉。然而男孩的性格根本没有变得刚毅勇敢，反而更加懦弱敏感，甚至连仅剩的那点可怜的自信心都丧失了。男孩在惶惑痛苦中渐渐成长，他常常独自躲在角落消化受到伤害的痛苦，小心翼翼地猜测又会遭受什么样的伤害。父亲和他进行了无数次沟通，但几乎没有任何效果。父亲想：让这样的孩子去当兵，部队还没有出发，他恐怕就当了逃兵；让他去从政，依靠他的智慧、勇气和决断力，要从各种利害矛盾中寻找出一种妥当的解决方法，更是可望而不可即的幻想；让他去做律师，温顺内向的他怎么可能在法庭上像斗鸡似的竖起鸡冠来呢？做医生，他会因犹豫不决而耽误病人的病情，甚至危及病人的生命……

谁也没有想到，这个性格懦弱、没有任何男子气概，甚至不被父亲看好并曾一度被放弃培养的男孩，后来成了一个作家。

在上面的例子中，父亲与儿子的沟通为什么会产生障碍呢？因为他犯了先入为主的错误。与其他人一样，他认为儿子缺乏男子汉气概，做什么都不行，却没看到儿子的文学天赋。这个男孩之所以能成为一个杰出的作家,原因就在于,性格内向敏感的人,内心世界一定很丰富,他们能敏锐地感受到别人感受不到的东西。[1]

虽然先入为主的观念会给我们带来认知上的偏差或错误,但由于先入为主心理定势的形成与我们的知识水平、社会阅历等有关,因此,如果我们的知识水平较高、社会阅历丰富,就能将其带来的负面影响控制在最低限度。此外,"路遥知马力,日久见人心"之类的古语也说明,先入为主的观念是可以改变的。具体到亲子沟通活动中,我们该如何避免犯先入为主的错误呢?

1. 全面了解孩子

生活中,绝大多数父母都自以为了解孩子的全部,正因如此,才容易犯先入为主的错误。实际上,孩子自出生起就开始快速生长发育,各方面也在不断成熟。如果不用发展的眼光认真审视,还真看不出孩子的"庐山真面目"。

要想获得孩子的全面信息,除了要在家庭中注意观察,还要与孩子身边的人建立起良好的关系,包括孩子朋友的父母、孩子同学的父母、学校的老师、邻居。和他们在一起的

---

[1] 参见剑琴、李扬编著:《让孩子自由成长》,金城出版社 2010 年版,第 20-21 页。

时候多聊聊有关孩子的话题,再将他们对孩子的评价进行汇总,如此,就可以得到比较完整的有关孩子的信息。

父母应做好心理准备,即便获取到的是关于孩子的负面信息,也要对孩子表示理解和包容。同时,还要了解信息提供者的性格,由于种种原因,有些提供信息的人会把孩子的问题和缺点放大。

2. 勇于承认自己的错误

许多父母为了维护自己的尊严和权威,明明知道是自己错了,也不愿意向孩子低头认错。但是,人非圣贤,孰能无过?孩子会犯错误,成年人也会犯错误。只要真诚认错,就能获得孩子的谅解。

3. 提升自己的知识与阅历

前文提到,如果我们的知识水平较高、社会阅历较为丰富,就能把先入为主带来的负面影响控制在最低限度。比如,平时多看一些心理学方面的书籍,多与其他父母交流育儿经验、探讨亲子沟通方法,等等。

三、别被"心理偏盲"蒙蔽双眼

在和孩子沟通的时候,很多父母都可能犯一种典型的认知错误——"心理偏盲"。这是心理学上的一个常用术语，指的是人们在认识人和事的时候，会进行有选择性的记忆和评判。比如，人们会将注意力集中在事物的某些特质上，却对另一些特质视而不见，由此对事物产生偏颇，甚至错误的认知。

很多父母在与孩子沟通时习惯采用这样的句式："你看××家的孩子，再看看你……"这就是一种"心理偏盲"。父母只看到了别人家孩子的某个或某些优点，就认为他们是完美无缺的；与此同时，父母只看到自己孩子身上的某些缺点，就认为自己孩子是一无是处的。这显然很不客观，也会给孩子造成很大的心理压力。

在下面这个案例中，父母的"心理偏盲"就让孩子过早背上了强烈的心理负担，也让她变得越来越自卑、消沉。

> 7岁的晶晶长相清秀可爱，性格文静，对人也很有礼貌，经常受到邻居、熟人的夸奖。可是晶晶的妈妈却很少表扬她，相反，妈妈常常拿别人和晶晶比，告诉她要好好表现，不然就会被"别人家的孩子"比下去。
>
> 晶晶妈妈最常提到的"别人家的孩子"是晶晶的表姐小佳。小佳比晶晶大一岁，从小就是大人口中的"小神童"，小小年纪就参加过绘画比赛、演讲大赛，还拿过大奖。晶晶妈妈免不了要拿晶晶和小佳做一番对比，还时常对着晶晶哀叹："你看看人家小佳，捧着奖杯的样子

多神气啊，再看看你，怎么什么才艺都不会呢，害得妈妈出去都觉得没有面子……"

每次听到妈妈说这种话，晶晶就感到十分难过，她低垂着头，一声不吭。晶晶妈妈看到她这副样子，不禁更加生气了，指着她说："怎么？说你两句，你还觉得委屈了？你就是不如人家小佳争气，各方面都比人家差一大截，再不努力，将来只会被人家远远甩在后面……"

晶晶妈妈不停地数落着，晶晶忍不住"呜呜"地哭了起来，嘴里还说着："你一点都不爱我，你只喜欢小佳，我不要你当我的妈妈了！"

在这个案例中，晶晶的妈妈在"心理偏盲"的影响下，采用了打压式的沟通方式（如否定的态度、具有贬低性的话语、失望的语气，等等）。她仿佛戴上了"有色眼镜"，对自己孩子身上的长处视而不见，可想而知，这样的沟通带给孩子的会是怎样的伤害。

那么，"心理偏盲"是如何产生的呢？有学者从大脑的运作机制出发，给出了一种解释：大脑处理信息的能力是有限的，然而大脑每天接收到的信息却是海量的，于是大脑就会发展出"选择性注意"的机制，它能够"过滤"掉一部分信息，避免大脑"过载"，这就是"心理偏盲"出现的根本原因。

为什么父母会选择"过滤"掉自己孩子的优点,只关注缺点?一方面,父母和孩子朝夕相处,对于孩子各方面的特点(包括优点和缺点)都比较了解。由于父母对孩子的优点比较"放心",就会慢慢减少对优点的关注,同时父母会有选择地将注意力放在孩子的缺点上,有时还会对孩子的一些非常细微的消极言行进行无底线的批评,从而变得"吹毛求疵"起来。

另一方面,对于别人家的孩子,父母往往只有一个大而笼统的印象,看不到他们细微的缺点,注意力只会聚焦于某个闪光点上,就很容易形成一种以偏概全的主观印象,这种情况也可以被称为"光环效应"或"光晕效应"。

必须指出的是,"心理偏盲"会带来很多负面影响。首先,父母不会欣赏孩子,总是无视孩子的优点,在沟通中不但无法给予孩子应有的表扬和鼓励,而且会一次次地否定孩子,说孩子"不如别人",这必然会打击孩子的自尊心,可能让孩子陷入"低自尊状态",导致自我价值判断过低、对人际关系过分敏感、社会适应能力较差,严重时还可引发心理障碍。

其次,父母经常在沟通中进行盲目的对比,也会让自己产生焦虑情绪、挫败感,还会认为自己的教育理念或方法是失败的。为了缓解内心的压力,父母可能会有意无意地将这些负面情绪和想法传递给孩子,使得孩子的心理负担进一步加重。

此外，父母总是把"别人家的孩子"挂在嘴边，也会影响孩子对安全感和爱的感知。比如，孩子会很自然地认为父母这么说话就是不爱自己、不需要自己，因而会与父母产生隔阂，有的孩子甚至会对父母产生怨恨情绪。这无疑会影响亲子关系的和谐。

由此可见，父母应该停止这种不良的沟通方式。如果想要引导和激励孩子，应该采取更加科学合理的方式。

1. 发现孩子与别人不同的优势

每个孩子的个体特征、家庭背景、成长经历不同，会造成在认知能力、个性上的差异，因此，孩子表现出来的行为并不存在真正的优劣之分，父母不能因为孩子在某方面有欠缺就对他进行全面的否定，更不能通过拿别人家孩子的优点和自己孩子的缺点做比较来打击孩子。

父母应当学会尊重孩子，充分了解孩子的个性、特质，用心发现他的优势，比如，他的学习成绩虽然不算出色，但却勤奋努力、勇于接受挑战，那父母就可以多从这方面对他进行肯定和鼓励。

2. 让孩子学会"和自己比"

父母不必总拿自己的孩子和别人家的孩子进行"横向比

较"，以免挫伤孩子的自信心，让孩子看不到自己的努力产生的效果。

父母要做的是引导孩子进行"纵向对比"，即将自己今天的表现与昨天的表现比、将自己纠正缺点后的表现和之前的表现比，这样孩子就能够发现自己取得了实实在在的进步。这时，父母再适当地进行表扬或给予奖励，就能够提高孩子的自信心和积极性。

3. 在肯定孩子优点的前提下建议其向别人学习

如果父母希望孩子能够学习别人身上的一些优点，也要注意方式方法，不能一味贬低孩子、抬高别人，而应当尽量肯定孩子的优点，再有针对性地指出他身上存在的一些不足，和他商量需要如何改进。

在此基础上，父母可以让孩子学习别人的优点。这时，孩子一般不会有太大的抗拒心理，也会乐于接受父母提出的良好建议。

四、拒绝做"完美主义"父母

完美主义是一种人格特质和思维方式，它要求做任何事情都达到尽善尽美的地步。

心理学对完美主义的定义是，"苛刻的要求"和"与现实情境相比，要求自己或他人有更高的工作质量"。完美主义者会设置不符合实际的高标准，并且严格坚持，如果达不到这个标准就否定自己的价值。

生活中的完美主义者不少，他们拖地时看到地板上有一根头发，就立刻捡起来；家里面的所有东西都要摆放得整整齐齐；即使是只有三四页资料，也要反复整理，最后确认无误；每天洗手30次左右，每次洗手的时间是别人的3倍……

一般来讲，完美主义可分为三种类型。一是被人（社会）要求型，这类完美主义者会按照他人或者社会的标准要求自己，追求完美的动机是为了满足其他人的期望，即希望自己在别人眼中是最好的、最完美的。二是自我要求型，这类完美主义者具有强烈的责任心，在学习和工作中会确立很高的目标，一旦没有完成既定目标，便会产生强烈的不安和焦虑感。三是要求他人型，这类完美主义者会对他人抱有较高的期望和要求（包括不切实际的要求），一旦他人达不到自己的期望和要求，便会心生怨气，常常会用表情传达心中的不满，甚至会用刻薄的语言挖苦他人。

> 陈女士是一位典型的完美主义者，她的人生信条是：我要给孩子最好的爱，做最优秀的母亲。
>
> 怀孕期间，陈女士买回许多育儿类图书仔细研读，按照书上的方法搭配膳食、锻炼身体。孩子出生后，陈女士

无微不至地照顾着孩子的饮食，精细到用秤称食材的重量。随着孩子逐渐长大，陈女士让他参加各种培训，要求孩子各方面都比其他孩子优秀。

她白天工作，晚上照顾孩子的饮食、督促孩子的学习。长期以来，她的精力严重透支，身心疲惫，心理状态非常糟糕。有时候孩子在某些方面稍不如她的意，她就大发脾气，厉声呵斥。

在她的要求下，孩子的性格越来越内向。8岁的时候，出现了夜间盗汗、浑身抽搐的症状。

陈女士又惊又慌，带着孩子去了医院。

医生经过诊断，认为孩子的症状与身体关系不大，主要是由紧张情绪引起的。原来，陈女士的完美主义教育和严厉要求，引发了孩子身体上的不适反应。

由此可见，父母千万不要用"完美主义"要求孩子。否则，可能会让孩子变得焦虑、沮丧，甚至产生自我怀疑。正确的做法是，在成长过程中，允许孩子犯错、经历失败，并鼓励他们面对挫折，不断进步。

在完美主义父母的教育下，孩子还容易产生依赖心理，难以独立。对于年纪偏小的孩子，父母不愿看到他的一些"缺陷"，因此会在吃饭、穿衣、睡觉、出行等方面包办一切。表面上看，孩子干净整洁，但这实际上限制了孩子自我管理能力的发展，变得事事都要依赖父母。有些上小学的孩子，连穿袜子、穿鞋子都还要父母帮忙，独立性之差可见一斑。

在"完美主义"家庭中，孩子还容易患上强迫症。他们会要求自己把任何事情都做到完美，如果有哪一件事没有做到完美，就强迫自己不停改正，直至做到完美。

要知道，这个世界本来就没有十全十美的事物。当孩子一次又一次达不到父母眼中的"高标准"时，他们就会过度关注自己出现的错误和父母的质疑。他们会想，我到底怎么做才能让爸爸妈妈更加满意？想来想去，只会更加迷茫。久而久之，愧疚感上升、自信心受到打击，严重时会出现抑郁、焦虑等症状。

既然以"完美主义"的方式与孩子沟通不可取，那么父母应如何改变自己的完美主义倾向呢？

1. 重新进行自我审视

金无足赤，人无完人。有完美主义倾向的父母可以认真审视自我，从各方面找到自己的不足之处，如身高、体形、皮肤、头发、学历、工作单位、每月收入、家庭状况，等等。经过认真的审视及对比，在以上这些方面总有人会超过自己。我们要心平气和地接受这个客观存在的现实。既然我们身上有这么多缺点或者不足之处，也就没有理由要求孩子"十全十美"了。

2. 设定时间限制

完美主义者有一个特征，就是某件事情做不完决不罢休。其实，有些事情永远也做不完，比如家务。无论今天把地擦得多么干净，明天照样会脏。因此，无论干什么事情，都要给自己设定时间限制。到了限定时间，不管结果如何，都要停下去休息或者做其他事情。

这种方法对孩子同样有效。比如，孩子搭积木时我们可以给他规定一个时间，只能搭半个小时。半个小时后，无论他搭得怎么样，都要让他停下来，这样就可能打破"完美主义"的规则和束缚。

3. 表扬孩子努力的过程，而不是结果

无论是学习，还是竞赛，只要孩子努力了，父母就要给予表扬。但表扬的重点应该是孩子努力的过程而不是结果。我们可以这样对孩子说："你已经非常努力了，你很棒！至于成绩和名次，妈妈并不看重。"不和其他同学比较成绩和名次，孩子就不会有心理压力和负担，当然也就不会落入"完美主义"的圈套。

4. 帮助孩子树立平凡意识

假如孩子具有完美主义倾向，那就告诉他，在我们身边，确实有一些非常优秀的孩子，但是不可否认，绝大多数孩子还是比较普通的。我们确定要学习他人的优点,但并不是要处处超过他人。树立平凡意识之后,孩子对自己的要求就不会过于严苛了。

五、寻求改变:尝试"知觉检核"

在亲子沟通中,父母总会遇到各种各样的沟通障碍,如抓不住重点、不能了解对方的真实意图、产生误会甚至冲突,等等。比如,孩子放学回到家中,有些父母会问他在校的表现,孩子可能会说表现一般。这时有些父母就会问他在学校出了什么问题,孩子却说没什么问题。假如父母比较敏感,认为孩子在撒谎,孩子就会辩解,甚至顶嘴。为了消除这种沟通障碍,父母要寻求改变,为此可以尝试"知觉检核"的沟通技巧。

这种沟通技巧,是美国著名作家罗纳德·阿德勒和拉塞尔·普罗科特在《沟通的艺术》一书中提出的。[①] 所谓知觉检核,就是用检验、核查的方法,消除沟通双方的知觉差异,从而进一步理解对方;检验、核查沟通双方所有可能的立场,从不同立场出发去思考,准确把握对方所要表达的

---

① 参见[美]罗纳德·阿德勒,拉塞尔·普罗科特著:《沟通的艺术》,黄素非译,世界图书出版公司2010年版。

含义。

罗纳德·阿德勒和拉塞尔·普罗科特认为，知觉检核应该遵循以下三个步骤。

第一，描述对方的行为；

第二，列出至少两种自己对此行为的诠释；

第三，请求对方对自己的诠释进行澄清。

我们用举例的方法解释以上三个步骤究竟如何实施。

第一步，描述对方的行为："你最近几天总是愁眉苦脸的。"

第二步，列出自己的第一种诠释："我想是不是你的孩子上学遇到了麻烦？"列出自己的第二种诠释："或者是家里老人的身体出现了问题？"

第三步，请求澄清："告诉我究竟是什么原因？"

以上第一个步骤相当于重复、确定事实；第二个步骤的两种"诠释"，相当于表明自己的想法；第三个步骤的"请求澄清"，便能引导对方说明自己的真实情况。

知觉检核是一种技巧，也是一种工具，一种帮助我们正确了解别人的工具。合理运用这种工具，就会取得良好的亲子沟通效果。

比如，一位妈妈发现抽屉里的充电器找不到了，就可以用知觉检核的方法与儿子沟通。首先要描述儿子的行为：我看见你翻动抽屉了。接着，列出自己的第一种诠释：你把充电器放到其他地方了吗?然后,列出自己的第二种诠释:是爸爸拿去用了吗?最后让儿子澄清:你再想一下,充电器到底在哪里?在这种情况下,儿子往往会按照妈妈的思路,告诉她自己有没有拿充电器。

如果妈妈一开始就问:"你把充电器放到什么地方了?"这就等于认定"充电器就是儿子拿走的",即使这种判断是正确的,也会引起对方的反感,从而回答:"我不知道,不是我拿的。"

而如果妈妈能运用知觉检核的技巧,就可能很快找到充电器,达成沟通目标。

总之,知觉是客观事物直接作用于感官而在头脑中产生的对事物整体的认识,这种认识不是一成不变的。在与孩子沟通的过程中,采用知觉检核的方法,可以尽可能地消除双方的知觉差异,了解对方的真实意图。同时,采用列举"诠释"的方法也能给对方保留颜面,有利于消除双方的心理隔阂。希望每一位父母都能够灵活运用。

第二章　情绪：正确的管理和宣泄

在亲子沟通中，情绪扮演着重要角色。如果情绪良好，则双方的语气温柔、语速适中、音量适中，内容也充满正能量；如果情绪低落或者状态不佳，亲子沟通则容易偏离正常轨道，引起双方的误解和冲突。父母必须正确管理自己的情绪，同时帮助孩子疏导不良情绪，这样才能提高沟通质量、增进亲子感情。

一、沟通前先识别自己的情绪

情绪一词经常被用到，但在心理学上，它却是一个比较复杂的概念。心理学上，情绪是一系列主观认知经验的通称，既是主观感受，又是客观生理反应，是一种多元的、复杂的综合体验。简单来讲，情绪就是人对外界最直接、最快速的反应，具有短暂性的特征。

不同的情绪会带来截然不同的沟通结果。因此，父母在与孩子沟通前，应该先识别自己的情绪，然后根据自己的情绪采取合适的沟通方法。在亲子沟通中，有四种情绪比较常见。

1. 快乐

快乐是达到预期目标后，紧张解除时，个体产生的心理上的愉快和舒适，是一种满足的心理状态。比如，我们和几个朋友去爬山，一路上累得满头大汗、精疲力尽，当我们登上山顶的一刹那，就会感到快乐。这座山峰越陡峭，我们登上山顶后就会越满足。此外，当我们在意想不到的情况下收获了美好事物时，也能体会到快乐。

2. 愤怒

愤怒是愿望不能实现，或为达到目的的行动受到挫折时的一种紧张而不愉快的情绪。现在，愤怒也指对社会现象以及他人遭遇甚至与自己无关的事件的强烈反感。

有关研究认为，婴儿出生 3 个月后就会有愤怒的情绪。限制他们的身体活动、强迫他们睡觉、抢走他们的玩具或其他物品，等等，都能引起婴儿的愤怒。

3. 悲哀

悲哀是个体在失去某种其所重视和追求的事物时的情

绪，如丧失配偶、创业失败等。悲哀的强度取决于失去的事物相对于主体的心理价值的高低，这种心理价值越高，引起的悲哀越强烈。

4. 恐惧

恐惧即平常所说的"害怕"，是指人们在面对某种危险情境，企图摆脱而又无能为力时的情绪。

儿童由于缺乏能力和经验，往往有更多恐惧的体验，如怕陌生人、怕黑等。当他们渐渐长大，具备了更多知识和处理问题的方法后，原来能够引起恐惧的因素也不再起作用了。恐惧具有传染性，一个人满脸恐惧地跑入屋内，屋里的其他人也会感到恐惧。

人的情绪可以通过以下三种方式表现。

一是面部表情。人类在长期进化的过程中，逐渐发展出了眼部肌肉、面部肌肉、口部肌肉的各种功能，这些肌肉的功能之一就是体现内心的情绪。

二是体态表情。其由人的身体姿势、肢体动作和体位变化等构成，包括站姿、走姿、坐姿、蹲姿等。人在不同的情绪状态下，会有不同的身体姿态。

三是语调表情。语音的高低、强弱、抑扬顿挫等，也是表达说话者情绪的手段。

一个人从出生，就会"使用情绪"，这也是人类最基本的生存手段。婴儿出生时，尚不具备独立的生存能力和言语沟通能力，主要依赖情绪传递信息。成年人也是通过婴儿的情绪状态，及时为其提供各种生活条件的。

由此可见，情绪与沟通都是人们的本能。当孩子逐渐掌握语言能力之后，他们会更多地使用语言与父母沟通。

在沟通中，视觉比声音和语言的作用要更大，要想收到良好的沟通效果，正向的情绪非常重要。假如沟通的一方情绪愤怒，那么另一方就会采取防御的姿态，防止对方的愤怒情绪伤害到自己。

亲子沟通也是同样的道理，因此，父母要根据自己的不同情绪，采取不同的沟通方式。

1. 快乐情绪下的沟通方式

快乐是一种积极情绪，在这种状态下与孩子沟通往往会取得良好的效果。但如果快乐过度，就会忘乎所以，做事不计后果。这时，就要等情绪平复之后再沟通。

2. 愤怒情绪下的沟通方式

如果父母正处于愤怒状态，那么此时最好不要与孩子沟通。可以去卫生间洗洗脸，让自己冷静下来。当然，如果在沟通过程中出现了愤怒情绪，就要尽量压制自己的情绪，用温和的语气与孩子沟通。比如孩子经常乱放文具，用的时候四处乱找,对此,每个父母都会产生愤怒情绪。这时千万不可以发脾气,而要帮他寻找文具,并告诉他下次用完之后放在固定的地方。

在这种情况下,如果我们对孩子大吼大叫,不仅达不到教育孩子的目的,还会伤害亲子感情。

3. 悲哀情绪下的沟通方式

当感到悲哀时,我们可以这样和孩子沟通:"我这几天心情不太好,想到屋里躺一会儿。你先写其他作业,写完之后叫我,我和你一起完成听写作业。"之后可以到其他房间休息一下,看看新闻、听听音乐。情绪好转之后,再去沟通。

4. 恐惧情绪下的沟通方式

前文已经提到过,恐惧情绪具有传染性。因此,父母在自己感到恐惧时不适合与孩子进行沟通。我们要做的,是采取以下两种办法消除自己的恐惧情绪。

首先,回忆自己曾经战胜恐惧情绪的过程。一般情况下,恐惧情绪来自新生事物,那些屡见不鲜、随处可见的事物不会引起我们的恐惧。因此,我们可以回忆自己之前战胜恐惧的情绪过程,并给自己一些积极的心理暗示。多次回忆之后,就能有效消除恐惧情绪。

其次,弥补自己的缺点和不足。在工作上,能力不足会引起恐惧，因为我们害怕被责备；在考试前，某些知识点没掌握好会引起恐惧，因为我们害怕恰巧考那些知识点。因此，在日常工作、生活中要正视自己的缺点，弥补自己的不足，如此，恐惧自然会离我们远去。

二、如何避免"亲子暴力沟通"

提到"亲子暴力沟通"，我们首先想到的就是对孩子拳打脚踢。其实，除了对孩子动手，亲子暴力沟通还表现为语言内容、语气语调让孩子感到很不舒服，甚至产生敌意。

常见的"亲子暴力沟通"有以下几种模式。

1. 情感忽视

情感忽视就是我们通常说的"冷暴力"，指父母没能给予孩子足够的情感回应。

有些父母经常以生意忙、工作累为借口，把孩子放在一个"独立"的天地中。更有甚者，即使工作不忙，也会忽视孩子的情感需求。这种父母并不少见。

我们说经常对孩子"唠叨"是一种缺点，但孩子的成长需要父母的陪伴、需要父母的"指手划脚"、需要父母的适度唠叨。情感忽视的结果，就是孩子会变得更加孤独。由于缺乏父母的监督和关爱，孩子还容易"学坏"。

2. 身体暴力

受传统民间观念如"棍棒底下出孝子""不打不成器"等的影响,有些父母生气时总喜欢动手打孩子,甚至还会抄起身边的扫把、尺子、棍子等殴打孩子。如果孩子及时认错,他们也许能够收手,如果孩子拒不认错,父母往往会越打越生气,越生气越打,甚至失去理智、无法自控。许多家庭悲剧就是这样造成的。

亲子沟通绝非易事,暴力根本行不通。也许从表面上看可以收到一定的效果,比如,孩子在父母面前可能会变"听话",但实际上孩子的身心健康已经被损伤。经常挨打挨骂的孩子会产生严重的心理扭曲,出现怨恨、自卑、孤独、固执等不良心态和心理偏差。

一些国外研究表明,经常挨打挨骂的孩子不但身心受创,而且智商也会比其他儿童低。

3. 操纵

下面这些话,听起来一定很耳熟吧?

"宝贝,别动,千万别动,等我抱你下来。"
"不要碰那个花瓶,碰碎了会划伤小手。"
"和你说了无数次了,一定不要这样做。"
"我在倒热水,别烫着你。"

"你不用扫地,好好学习就行。"

……

以上这些话,听起来是在关心和爱护孩子,实际却是一种操纵型暴力沟通——什么事都不让孩子干,对孩子的一切大包大揽。

还有一种操纵型暴力沟通模式更加"隐蔽",我们往往都不会发现其中的"操纵"和"暴力沟通"的成分,比如,我们经常能听到父母这样说:

"我这样做都是为了你好。"
"家里的钱都花在你身上了,你怎么总是不听话?"
"你这么不听话,我们的心都伤透了。"
"你这样对得起我的付出吗?"
"要不是为了带你,我才不会放弃那份好工作呢。"
"我们是你的父母,这些事情都经历过,怎么会骗你呢?"

……

在这种沟通方式中,父母把自己置于劣势地位,从而让孩子产生一种心理负担:我的行为导致父母难过,我应该对一切事情负责。父母的言语中虽然没有带有暴力倾向的词语，却让孩子感到了不适。

4. 强制

强制型父母一般脾气暴躁，具有明显的完美主义倾向，不能容忍自己的世界里有瑕疵存在，他们在孩子面前永远都是"权威"，与孩子沟通时经常采用命令式语气，比如：

"先写作业，后看电视！"
"今天不许出去玩！"
"马上起床！"
"回到你的房间去！"
……

面对父母的命令式语言，大多数孩子即使心中有什么想法也不敢说出来，更不敢争辩。面对盛气凌人的父母，孩子感到了自己的弱小。孩子可能会觉得父母不再爱他了，时间长了便会产生一种防御心理，这种防御心理很容易使孩子形成自卑、焦虑等不良性格。

总之，"亲子暴力沟通"存在弊端，可概括为两个方面。

一是生理伤害，专指真正动手打孩子造成的伤害。部分父母打孩子时会打屁股，其实打屁股也会造成臀部血管破裂，出现皮下血肿，重者会伤及内脏（如肾脏），甚至会由于广泛性出血而引起休克。

　　二是心理伤害。意大利著名幼儿教育家蒙台梭利认为：每种性格缺陷都是由儿童早期经受的某种错误对待造成的。也就是说，任何一种心理疾病，追根溯源，都是人在童年时候受到的创伤。上述几种亲子暴力沟通模式，往往会让孩子形成消极的负面人格，产生自卑、内向、忧郁、焦虑、仇恨、报复等心理。所有的暴力沟通，都没有半点教育意义，结果只是给孩子带来比肉体更严重的心理创伤。

　　那么，我们应该如何避免亲子暴力沟通呢？不妨从以下三点做起。

1. 及时道歉

　　我们发现，无论什么原因导致父母动手打了孩子，之后，孩子都会有很长一段时间不愿意和父母交流。这是因为孩子的自尊心受到了伤害，而且对父母心存芥蒂。在这种情况下，父母要及时道歉。等孩子原谅父母、恢复平静之后，再与孩子坦诚沟通，让他明白"父母打人是不对的"，但"他自己也存在问题，否则父母不会平白无故打他"。这样的话，孩子就不会产生仇恨心理，亲子之间仍可以像过去一样融洽相处。

2. 就事论事，不翻旧账

　　有些父母在批评孩子做错某件事时，很容易联想到孩子以前犯的同类错误，然后就忍不住开始翻旧账，数落个没完没了。其实孩子在出现失误、犯了错误时，也会感到愧疚，从而会想办法改正，问题是父母翻旧账的做法就像揭伤疤一样，只会引起孩子的反感，让孩子不再反省自身的错误，致使错误一而再、再而三地出现。

3. 尊重孩子

有一种观点认为：面对孩子，成年人最大的文明所在，就是站在孩子的角度，努力理解他的所作所为，以他乐意接受的方式对他的成长进行引导。你必须把他当作一个"人"来平等对待，而不是当作一个"弱小的人"来征服。

即使在成年人的社交活动中，"尊重对方"也是保证沟通顺利进行的前提条件。无论儿童多么幼小，都要把他当成一个独立的人。只有在尊重的基础上，才能改变情感忽视、身体暴力、操纵、强制等暴力沟通行为。

三、正确疏导孩子的负性情绪

紧张、愤怒、悲伤、恐惧、失望、难过、痛苦等情绪一般统称为负性情绪，也叫负面情绪。负性情绪是相对于正性情绪（如快乐）而言的，它是消极的，会给人的身体带来不适感，甚至会影响正常的工作和生活，还有可能造成某些方面的身心伤害。

世界上的每个人都不可避免地会有负性情绪，儿童也不例外。当孩子产生负性情绪时，我们不妨采取以下方法进行疏导与沟通。

1. 疏导孩子的紧张情绪

紧张是一种复杂的情绪体验。对处于紧张状态的儿童来说，他们的意识活动经常受到一定程度的干扰。当孩子即将面对一件事情时，父母可以帮他们提前做一些准备工作。比如，孩子要参加短跑比赛，父母就可提前准备好短裤、跑鞋、袜子等；孩子要参加舞蹈比赛，就可提前准备好鞋子、服装、发饰等。而更加重要的是，要用语言帮他们缓解紧张情绪。

我们可以说："孩子，别担心，你跑得快着呢。就算得不到奖励也没关系，重在参与嘛。"

"我们家宝贝舞姿优美，即使拿不到名次，这次比赛也是一次展现自己的机会。"

提前做好准备工作，加上沟通疏导，就能最大限度地消除孩子的紧张情绪。

2. 疏导孩子的愤怒情绪

当孩子产生愤怒情绪时，最不明智的做法就是"以怒制怒"。有些父母认为孩子发怒是挑战自己的权威，便以加倍的愤怒来压制对方。殊不知，儿童的大脑尚未发育完全，根本不可能控制情绪、恢复理智。正确的方法是以平静的心态找出孩子愤怒的原因，然后"对症下药"，疏导他的愤怒情绪。

　　邻居家的小朋友把孩子的玩具小汽车弄坏了，孩子因此非常生气，大吼大叫："谁让她玩我的小汽车了？"
　　妈妈说："她来咱们家玩，是妈妈让她玩的。"
　　孩子说："玩就玩吧，是谁让她弄坏的？"
　　妈妈说："没有人让她弄坏，是她不小心自己弄坏的。"
　　孩子说："那不行，让她赔！"

下面的对话是解决问题的关键所在。

　　妈妈说："小汽车坏了，妈妈明天再给你买一个。对了，你上次是不是把人家的拼图踩坏了？"
　　孩子想了想说："嗯，是的，是踩坏了。"
　　妈妈说："人家让你赔了吗？"
　　孩子说："没有，没让我赔。"
　　妈妈说："好了，谁都有不小心的时候。一会儿那个女孩还要来找你玩呢。"

孩子说:"哦,好吧。"

由于孩子得到正确引导,他的愤怒情绪很快就消除了。当然,我们也可以先安慰他的情绪,说"你先喝点水,躺一会儿,可能会舒服一些"之类的话,等他的情绪有所平复时,再与他沟通。

3. 疏导孩子的悲伤情绪

悲伤是一种非常复杂的情绪,一般是由失去某种事物导致的。儿童对悲伤的体验更加深刻细致,比如,儿童的宠物小兔子死去了,我们可以这样与他沟通。

首先要理解孩子的悲伤情绪,不要急着劝阻他,也不要买同样的宠物来替代,因为体验悲伤情绪有助于孩子情感的正常发展。接下来便要正确引导了:

父母说:"你的小兔子死了,你很悲伤,是吗?"

孩子说:"是啊,多么可爱的小兔子啊。"

父母说:"小兔子挺冷的,我们把它埋了吧。"

孩子说:"好吧。"

埋完小兔子之后,父母可以说:"没事了,小兔子去了另一个世界。"

孩子说:"那里有人陪它玩吗?"

父母说:"有,当然有了,有许多小兔子陪它玩。"

到此,孩子的悲伤情绪得到了一定释放。然后父母可以讲一个轻松愉快的小故事给他听,在一定程度上消解之前的悲伤情绪。

4. 疏导孩子的恐惧情绪

由于认知能力有限,儿童面对陌生的环境、不熟悉的人或动物时,都会产生恐惧情绪。比如,爸爸和3岁的儿子刚到楼下,前面冲来一条中等体形的狗。这时,父母要及时观察儿子的情绪变化,如果发现他有些害怕,千万不要说嘲讽的话语,如"男子汉怕什么"之类的语句。正确的做法是用语言鼓励他,增加他的安全感。比如可以说"儿子,你是个勇敢的孩子""你已经3岁了,是个'小大人'了,不怕狗狗",等等。假如孩子仍然恐惧,就可以把他拉到身边,说:"不怕,有爸爸在,不用怕。"待狗离开后,孩子的恐惧情绪也就消除了。

总之,负性情绪虽然是消极的,但我们应该用一分为二的观点看待它。比如,适度的紧张可以增强大脑的兴奋度;

愤怒之中包含着力量；体验悲伤情绪之后会变得更加坚强；适度的恐惧会激发人的勇气……既然每个孩子都难免有负性情绪，父母就应该采取正确的方法疏导，根据不同情况采取不同的方法与孩子沟通。

四、指导孩子表达情绪

情绪表达是指人们用各种方式表现自己的情绪。在情绪管理领域中，有一个"水库理论"，意思是每个人身体里都有一座"情绪水库"，当负面情绪出现时，它就会被存放在"情绪水库"中。当"情绪水位"上涨到我们无法控制的程度时，就会出现脾气暴躁、易怒等负面情绪。如果继续任"水位"上涨，"情绪水库"就会溢出水来，我们会出现心理方面的问题，如抑郁、焦虑等，而正确地表达情绪，可以纾解情绪。

对于孩子来讲，在成长过程中如果产生了某些消极情绪，父母又没有正确疏导，一旦"情绪水位"过高，孩子就可能会以非常极端的方式表达和纾解情绪，从而造成心理或生理上的创伤。

由此可见，父母采取正确的沟通方式、帮助孩子表达他们的情绪，对于孩子的成长非常重要。然而，在传统理念中，父母常常会压抑孩子的情绪，比如，在孩子由于伤心而哭泣的时候,他们会说"别哭了,再哭就把狼招来了""不要哭,做个勇敢的孩子",等等。这种方法只会让孩子将负面情绪憋在心里,更加难受。

那么,父母应该如何帮助孩子正确表达他们的情绪呢?

1. 语言疏导

研究表明,如果一个人能够用适当的言语形容情绪,就可以起到镇静作用,有助于舒缓神经系统的紧张;孩子也是一样。因此,当孩子出现某种情绪时,父母可以用恰当的言词或句子帮助、引导他们表达自己的情绪。

比如,孩子悲伤哭泣时,父母可以这样说:"你丢了东西很伤心,是吗?"

在一个陌生的环境中看到爸爸离开,孩子产生了恐惧情绪,妈妈可以这样说:"看见爸爸离开,你有些害怕,是吗?"

类似的话还有"宝贝今天开心吗""你是不是因为小刚拿走玩具生气了""今天打针疼不疼啊",等等。

2. 转移注意力

转移注意力,就是把孩子的注意力从引起不良情绪的刺激情境中转移到其他事物上去。孩子(尤其是年纪小的幼儿)情绪的稳定性较差,常会因受外界环境的影响而波动、变化。

发现孩子有消极情绪时，可以说，"我们一起玩个游戏，好吗""我们去散步，还能看到路边的鲜花呢""咱们去找邻居家的小朋友玩儿"，等等。这样就可以转移孩子的注意力，帮助他们中止不良刺激的影响，避免不良情绪的扩散和蔓延。

3. 让孩子适度宣泄

很多父母不理解孩子的心理特点，往往会把孩子的宣泄行为视作"有意使坏"，因而严加训斥与制止，迫使孩子强行压抑心中的消极情绪，久之对身心健康非常不利。正确的做法是引导孩子适度宣泄，比如，可以让稍大点的孩子独自在屋里哭一会儿，或者领他到空旷的地方大声吼叫，等情绪平静下来再去沟通；也可以让孩子把事情写在纸上，然后与他一起分析事情的来龙去脉。对年纪小一点的孩子，可以让其进行一些破坏性活动，如撕纸条、扔玩具、打沙发、打枕头、打布娃娃等。

4. 正确表达积极情绪

积极情绪虽然对身心健康有利，但也需要正确表达。比如，家里来了客人，孩子极度兴奋，在客人面前跑来跑去，上蹿下跳。这种"人来疯"的表现常常会让父母与客人陷入尴尬。等客人走后，父母可以这样和孩子说："我知道家里来了客人你很开心，你可以用快乐的表情，或者热情的语言来欢迎客人。在客人面前跑来跑去，是一种没礼貌、没教养的表现。下次注意改正，好吗？"这时，父母还可以教孩子一些"欢迎辞"。

有心理学家指出，情绪虽然有正面、负面之区分，但表达情绪的关键不在于情绪本身，而在于表达情绪的方式。亚里士多德曾经说过："任何人都会生气，这没什么难的，但要能适时适所，以适当方式对适当的对象恰如其分地生气，可就难上加难。"由此看来，以适当的方式在适当的情境下表达适当的情绪，才是科学的情绪管理之道。

第三章　倾听：不只是听见

倾听是亲子沟通的重要环节，需要父母掌握一定技巧。倾听，不仅仅是用"耳朵"去听，更重要的是用"心"去听。只有在心与心的交流、碰撞中，父母才能避免"无效倾听"，并领会孩子内心深处隐藏的真实想法，让沟通更加顺畅。

一、恰当使用"陪伴式倾听"

所谓"陪伴式倾听"，是指父母找一个合适的时间，轻松地坐在孩子身边，不要刻意设计话题，在和缓轻松的气氛中和孩子沟通，沟通的重点是"倾听"。在整个过程中，父母的行为都要表现得非常随意。

生活中经常会出现这种情况——存在心理障碍的求助者寻求心理咨询，心理咨询师让他诉说心中的想法。在一个多小时的时间内，求助者一直在表达、倾诉，而心理咨询师只是静静地听，偶尔加些适当的肯定和鼓励。对于这样的心理咨询过程,求助者往往非常满意,因为他认为面前的这位心理咨询师非常优秀,能体会他的感受。倾诉完之后,之前的心理障碍(消极情绪)就会消除掉一部分。心理咨询师的做法,就类似于父母的"陪伴式倾听"。

运用陪伴式倾听的沟通方法,父母需要掌握以下四个要点。

(1)选择合适的时间(如周末),安静地坐在孩子身边。

(2)如果孩子问你想做什么,你就说,我只想陪你待一会儿。

(3)如果孩子主动起了话头,不要评判、不要辩解,总之就是纯粹地倾听。

(4)孩子要是不说话,父母只要享受陪伴孩子的过程就可以了。

二、父母的"无效倾听"

许多父母认为"听"和"倾听"没什么区别,都是接收孩子发出的声音信息。这种观点非常片面、肤浅。美国著名作家罗纳德·阿德勒和拉塞尔·普罗科特在《沟通的艺术》中指出:很多人认为听与倾听是一回事,但听是指声波传到我们的耳膜引起震动,进而经过我们的听觉神经传送到大脑的过程;而倾听则是大脑将这些信号重构、再赋予其意义的过程。简单来说,"倾听"就是"弄明白别人所传达的信息的过程"。

在很多情况下,父母虽然在听孩子说话,但并未获得良好的沟通效果,究其原因,是父母步入了"无效倾听"的误区。

一位母亲正在擦地,女儿说:"妈妈,你看老师今天给我的作文写的评语,说我的作文非常棒!"母亲头也没抬,说:"哦,这样啊,挺好的。"

女儿又说:"妈妈,我想报名参加舞蹈班。"妈妈继续擦地,说:"那就参加呗。晚饭你想吃什么,擦完地妈妈去给你做。"

例子中的母亲当然在听女儿说话,但纯属"无效倾听"。她敷衍的态度会让女儿觉得妈妈对她说的事根本不感兴趣,而且还岔开了话题,因此便不再与妈妈交流了。

在现实生活中,"住口"是孩子最不愿意听父母说的话之一。

是啊,为什么父母自己老是唠叨个不停,却不给孩子自由表达的机会呢?把孩子的嘴巴封起来,然后自己说个不停,这未免太不公平了。

父母应该表达对孩子的爱和尊重,而认真倾听孩子的话语、让孩子把话说完就是很好的方式。当孩子回家谈起在学校发生的事时,父母要耐心听孩子把话讲完,然后用正确的思想引导孩子。在交谈时,最好扮演一个孩子最要好的朋友,以同龄人的口吻与孩子交流、商讨。

父母要出去买菜,孩子想要一起去,但菜市场人多、买的东西也多,父母就不想领孩子去。但孩子蛮不讲理,大哭大闹,非不让走,真是让人又气又急!父母应该让孩子将意思表达出来,或许孩子是怕你一去不返。虽然这种想法幼稚可笑,但却表现出了孩子内心深处的无助与恐惧。

如果孩子年纪很小,还不能用语言完整地表达自己的意思,那么当你出门时孩子的哭闹即是一种倾诉,也是一种表达情感的方式。

所以,每当孩子哭闹着不让父母出门时,父母不要训斥他,要理解他的无助、耐心跟他解释,给他多一些安全感。

孩子一般都渴望得到他人,特别是父母与师长的爱护与肯定。孩子在成长中得到的关爱与肯定越多,其人格冲突便越少,自信心便越强。假如一个人从小严重缺乏母爱,也没有其他亲近的人给予其同等的温暖和关怀,这个人就会产生被爱的渴求。因此,父母要从小了解孩子的内心需要,让孩子把话说完、真正地了解孩子、更好地关爱孩子。否则,如果父母只顾自己的感情需要,而不顾孩子的心理需要,孩子就不能健康成长,往往会感到孤独,变得暴躁、有攻击性或者越来越消沉。

有些父母往往会有这样的疑问，自己在听孩子说话，可好像并不管用；甚至有的父母谈到，从来没有打断过孩子说话，一直希望孩子能将话具体地讲完，而孩子总是几个字就说完了。比如，父母的确很忙，刚刚下班，还有一大堆家务等着做。因此，他们在询问孩子白天过得怎么样时往往还在忙着做饭、整理房间。从孩子的角度看，父母的行为好像在告诉他："告诉我你白天过得好不好，但是要快一点儿，因为我没有多少时间。我现在真正关心的是能不能赶紧准备好晚饭或者整理好房间。"所以，你的这种态度只能从孩子那里得到"没什么"、"凑合"或者"还行吧"这种两三个字的简短答案。

不仅要听孩子说话，还要抽出时间来认真倾听孩子的话，避免"无效倾听"。

三、揣摩孩子的"隐藏想法"

成年人都有这样的经历，在某种情况下，不好意思直接说出自己的想法，或者在当时的局面下根本无法开口直接表达自己的想法。于是我们便会以间接的、模糊的、委婉的语言表达自己的想法，但目的仍然是让对方听出自己的"弦外之音"。

其实，与成年人一样，随着年龄的增长，儿童的语言表达能力不断提高，他们"人小鬼大"，在内心的想法不便直接说出来时，也会采用间接、委婉的表达方式。孩子提出以下常见问题时，父母更要认真倾听，仔细揣摩和理解孩子的"隐藏想法"。

1. 我能在家里多玩几天吗

孩子问这样的问题时，背后隐藏的想法是"我不想去幼儿园"。刚进入幼儿园，面对陌生的环境、陌生的老师、陌生的同学，孩子往往会产生恐惧心理，但又不愿意直接表达内心的想法，就会提出这样的问题。

父母可以这样回答："周六、周日已经在家玩两天了，明天该上幼儿园了。在那里可以学到更多知识，还有许多小伙伴陪你一起玩，多好呀。"

2. 这是谁犯的错呀

"这是谁犯的错呀"是对一些问题的普遍概括，具体可以是"谁把杯子打碎了""谁把玩具弄坏了"，等等。我们通过下面的例子，来分析孩子提出此类问题时的真实想法。

> 妈妈陪5岁的琦琦来到幼儿园，琦琦看到墙上的画，便问："是谁画的画呀？这么难看！"

幼儿园的老师就在跟前,妈妈一时没反应过来,觉得有些尴尬,便对女儿说:"琦琦,墙上的画很漂亮呀,你怎么会认为难看呢?"

老师笑了笑,说:"只要喜欢绘画,没必要追求能画多么漂亮,你也可以在墙上画些这样的画。"

琦琦开心地点了点头。

例子中的琦琦并不在乎"墙上的画是否难看",而有可能是担心自己画不好,想知道"画画难看有什么后果"。老师理解了她的真实意图,简短的几句话便让她消除了内心的恐惧感。妈妈也明白了,原来女儿已经长大,会拐着弯儿说话了。

3. 被抛弃的孩子多吗

孩子问这个问题时隐藏的想法是"你会抛弃我吗?"类似的问题还有很多,我们仅以此来举例、分析。

9岁的小男孩康康在电视上看到了小孩被抛弃的报道,便问爸爸:"在这个城市被抛弃的孩子多吗?"

看到儿子关心社会问题,爸爸心中高兴,马上去查了数据,回复了儿子。

康康又问:"全省呢?被抛弃的孩子多吗?全国呢?"

听到这里,父亲回答说:"全省和全国被抛弃的孩子多不多,我还真的不太清楚。但是你记住:我和妈妈永远不会抛弃你。"

在上面的例子中,随着交流的深入,父亲明白了,儿子关心的并不是社会问题,并不想知道"到底有多少小孩被抛弃了",而是担心他自己"会不会被抛弃"。

4. 我可以帮你干点活吗

孩子提出这个问题,一般是内心缺乏安全感的表现,比如,在学校受到老师的批评或者同学的欺负,回家之后不敢说出来。他们委婉地提出"帮父母干点活",如帮妈妈洗碗、扫地,目的就是寻求一种心理依赖。遇到这种情况,父母要重视起来,耐心询问,找出问题所在,与孩子一起沟通解决。

生活中孩子能够提出的问题不胜枚举,细心的父母在倾听的时候,需要认真理解问题背后隐藏的含义,了解儿童的心理需求。这样才能做到有效沟通,彻底解决孩子面临的问题。

四、用"嗯……这样啊"回应孩子

我们知道,在幼儿还不会说话的时候,父母会用"嗯……

嗯……""哦……哦……"之类的语言与其交流,孩子就会小嘴一张一合地予以回应。研究者认为,虽然儿童的年龄在不断增长,但"嗯……嗯……""哦……哦……"之类的语言,仍然是父母与孩子沟通的积极方式。

为什么简单的"嗯……嗯……""哦……哦……"会对交流对象产生影响呢?

一是因为"嗯……嗯……"含有肯定对方的意思。这类语言表示赞同、理解、认可、肯定对方的想法,相当于肢体语言中的"点头"。使用这类语言,沟通双方都处于开放状态,不会有防御心理,因此对方会得到积极的心理反馈。

二是"嗯……嗯……"之类的语言具有强化作用。在沟通过程中,我们使用"嗯……嗯……"之类的语言,表示正在倾听,并且期望对方继续说下去。对方受到鼓励和肯定,他的说话行为便会得到强化,从而关不住"话匣子",说个没完没了。

类似于"嗯……嗯……""哦……哦……"的语言,还有"嗯……这样啊""哦……我听到了""嗯……说下去""嗯……还有吗""嗯……能举个例子吗"等。虽然这些句子看似简单,却可以让亲子关系变融洽,提升亲子沟通的效果。

儿子从幼儿园回到家,向父亲讲述幼儿园发生的事。
儿子说:"爸爸,我的铅笔丢了。"

爸爸说:"嗯。"

儿子说:"下课的时候还在桌子上呢。"

爸爸说:"嗯,这样啊。"

儿子说:"从洗手间回来,就发现铅笔不见了。"

爸爸说:"嗯,我听着呢。"

儿子说:"我好像已经丢了四次铅笔了吧,以后下课时必须把铅笔放在铅笔盒里,这样就不会被别人拿走了。"

爸爸说:"对,你说得对。"

爸爸使用"嗯……这样啊"之类的回应,表示理解儿子丢铅笔后的心理感受。儿子得到父亲的肯定,便把事件的整个过程描述了下来,而且提出了解决问题的办法,那就是"下课时必须把铅笔放在铅笔盒里"。

例子中的父亲如果采取另一种沟通方式,就会导致不同的结果。

儿子说:"爸爸,我的铅笔丢了。"

爸爸说:"什么?怎么会把铅笔弄丢呢?"

儿子丢了铅笔,心情本来就有些郁闷,爸爸这样一问,他有些不知如何回答,只好说:"从洗手间回来就丢了。"

爸爸说:"下次一定要注意。"

儿子说:"好吧。"

由于父亲没有正确引导，所以孩子并未描述事件的整个过程，更没有提出解决问题的办法，可以说这是一次失败的、无效的沟通。这是许多父母经常会犯的一个错误，他们在孩子遇到问题的时候会说"怎么回事？怎么总是这样？你怎么搞的？"然后就会给孩子提出一些建议。实际上，在孩子没有完全表达明白自己的意思之前，我们直接提建议，孩子很难有清晰的思路去思考解决问题的办法。

我们使用"嗯……这样啊""哦……哦……"之类的语言时，不能敷衍孩子，也不能心不在焉、假装倾听。恰恰相反，在孩子表达自己的情感时，我们要认真倾听，真正做到把对方的信息"重构为原始声音，再赋予其意义"。

总之，使用"嗯……这样啊"之类的语言，关键就是引导孩子说下去，表示我们愿意倾听孩子内心的想法和感受，之后再共同研究解决问题的办法。这种良好的回应能让孩子感受到父母是友善的、家庭是温暖的。孩子受到了肯定和鼓励，就会更多地对外表达自己的内心想法，在表达的过程中也会不断提高表达技巧，掌握更多沟通方式。时间久了，孩子的自信心逐渐提升，沟通能力会越来越强。

五、用恰当的复述表达对孩子的认可

在与孩子沟通的过程中，父母复述孩子的话，首先是表示对他的认可;其次说明父母正在认真倾听;再次可以保证信息准确无误,如下例。

儿子说:"爸爸,今天学校发生了许多好玩的事,有个小朋友摔了个仰面朝天,裤子都破了,哈哈哈……星期四学校要开父母会,我想让你去参加……我的同桌生病了,今天没来学校,还有……"

等孩子把话说完,爸爸说:"哦,是这样啊。对了,你是说星期四学校开父母会,让我去参加,是吗?"

儿子回答:"是的,爸爸。"

孩子讲的话比较多时,父母如果不认真倾听,就会漏掉重要信息,如上面例子中的"星期四学校要开父母会,我想让你去参加"。经过复述,这条重要信息就会被双方确认,避免造成无效沟通。

此外,复述还可以让孩子感受到父母的关爱。比方一个孩子说:"妈妈,我刚才摔了一跤,真的很疼。"妈妈可以说:"妈妈知道了,你觉得很疼,对不对?"

再比如,孩子早晨不想起床,嘟囔着说:"真困啊,不想起。"在这种情况下,父母不要直接批评:"几点了还不起床?懒虫!"我们可以说:"昨天晚上睡晚了,你现在是不是感觉特别困?"

通过这样的复述，孩子会认为父母能理解他"由于困而不愿起床"的状态。

在实际沟通中，父母应该如何恰当地通过复述表达对孩子的认可呢？美国社会心理学家、博弈论专家阿纳托尔·拉波波特曾经提出了"拉波波特法则"。这个法则普遍运用于社会沟通领域，父母和孩子沟通时，也可以遵循这个法则的四个步骤，即复述、罗列、收获、反省。

下面我们通过模拟场景的方式阐述该如何运用这个法则。

一位母亲带孩子从超市走出来，手里提着很多东西。超市离家没有多远，她们要步行回去。孩子不愿意自己走路，就说："妈妈，抱抱，妈妈，抱抱。"

母亲手里提着很多东西，无法再抱孩子，于是便说："宝贝是想让妈妈抱着，是吗？"

孩子点点头。

妈妈说："你是逛超市走累了吧？"

孩子说："是的。"

妈妈接着说："嗯，我们逛了一个多小时，确实有些累了。"

孩子伸出小手，以为妈妈同意了自己的请求。

这时，妈妈又说："宝贝很累，妈妈也很累。但是我提着许多东西，抱不动你啊。我们家离得不远，坚持一会儿就回去了。回家后再好好抱你。"

孩子听了之后点点头，跟在妈妈身旁，一起步行回家。

现在我们来看一下，这位母亲是如何利用拉波波特法则的。

"宝贝是想让妈妈抱着，是吗？"这句是法则的第一步：复述。要准确、清楚地复述孩子的观点，让他意识到父母已经理解了他的想法，甚至表达得比他自己想说的还要清晰。

"你是逛超市走累了吧？"这句对应法则的第二步：罗列。提出自己对孩子观点认可的部分，强化孩子"认为我们足够理解他"的意识。当然，孩子年纪还比较小，一般不会在简短的沟通中表达太多想法。

"嗯，我们逛了一个多小时，确实有些累了。"这句就是法则的第三步：收获。告诉孩子自己从他的观点中体会到了什么，让孩子觉得自己的观点是有价值的。

母亲最后提出自己的反对意见，并给出充足的理由，就是法则的第四步：反省。前面的三步，是为了给第四步做铺垫，先说三句肯定孩子观点的话，再说一句否定孩子观点的话，相当于带着孩子一起反省，让其进入自我修正的状态。

一般情况下，通过以上四个步骤，父母能够与孩子达成共识。

值得注意的是，父母不要扮演一台复读机的角色，单纯重复孩子的叙述，而是要用大脑整理孩子的表达，然后通过复述表示对他的观点的认可，再抓住重点，分析他的观点存在的问题，最后提出自己的观点。

第四章　同理心：架起沟通的"桥"

为人处世要有同理心。改变角色，站在孩子的角度看问题，为孩子的快乐而快乐、为孩子的悲伤而悲伤、为孩子的烦恼而烦恼，能够在父母和孩子之间架起沟通的"心桥"。

一、感同身受，理解孩子的心理需求

感同身受，在心理学上被称为共情能力，是指一种设身处地体验他人处境，从而感受和理解他人情感的能力。在与孩子的沟通中，如果做不到感同身受，就不能理解孩子的心理需求，当然也不能满足孩子的愿望，更不能解决孩子的问题。

星期天，母亲带着6岁的女儿娟娟到公园玩耍。走到一座假山前面时，娟娟突然躲到母亲的身后，面露恐惧。

母亲顿感疑惑:"娟娟平时很喜欢这座假山,今天怎么有些害怕?"于是仔细观察面前的假山,发现一只大花猫正趴在假山上。

母亲一直特别喜爱小动物,并且认为猫的性格温顺,女儿不应该害怕呀,便说:"娟娟,那是一只大花猫,不要怕。"

话音刚落,那只猫从假山上跳下来,迅速从她们身边跑走,娟娟被吓得大哭起来。母亲这才意识到情况并非自己想像的那样,便蹲下身子安慰娟娟。

娟娟抽泣着说:"妈妈,我害怕,我怕猫!"

听了女儿的话,妈妈愣住了,随即恍然大悟:原来自己喜欢的小动物,正是女儿所害怕的。自己没有理解女儿的心理需求,反而让她和猫亲近,这不是吓到孩子了吗?怪不得女儿会哭。

儿童的心理需求很多,常见的有以下几种。

1. 爱的需求

儿童对爱的需求是与生俱来的,比如,最初需要母亲的乳汁、轻柔的抚摸、关爱的眼神,渐渐长大后,哭喊时需要父母的回应,微笑时希望有人一起笑,摔倒时需要有人扶,等等。心理学家指出,在成长过程中,这种爱的需求如果长期得不到满足，就会严重影响孩子的人格发展。

2. 被关注的需求

心理学家认为，关注会给儿童带来心灵上的满足感，否则就会导致儿童安全感的缺失。假如你在一处茂密的森林里迷路了，忽然发现一位猎人，于是便向他求助，如果猎人说："我正忙着呢，别来烦我！"你的心中作何感想？其实，孩子就相当于迷路的"你"，而猎人则是能够给孩子带来安全感的"父母"。

生活中，我们常会听到孩子说这样的话：

"爸爸，快来看，我把积木搭起来了！"
"妈妈，你看，这是我做的。"
"妈妈，快看看，我写的是对的吧？"

孩子说这样的话，就是在寻求父母的关注。当孩子得不到关注时，他们就会用一些行为引起父母的注意，即使这种行为极其危险，如故意打碎杯子、花盆，拒绝吃饭，和其他小朋友抢玩具，等等。

3. 强烈的好奇心

好奇心是我们对某种事物属性的认知处于全部或部分空

白状态时,本能地想填补对此事物属性的认知的内在心理。儿童初到这个世界,就像一张白纸,茫然无知,因而充满好奇心,这也是孩子喜欢问"为什么"的主要原因。好奇心是个体学习的内在动机之一,是创造性人才的重要特征。父母需要鼓励孩子探索世界以及表达自己的想法,而不是压抑这种心理需求。

4. 独立的需求

细心的父母可能会发现,孩子在2岁左右的时候,就开始具有独立的需求。比如,他们刚刚学会走路,就开始抗拒父母牵他的手。在言语方面,开始使用"我会""我可以""我要""我自己来"等具有独立意识的表达方式。

在一些家庭,父母很注意培养孩子的自我管理能力,会给孩子创造各种机会让孩子自己去做决定,真正给孩子一个独立成长的空间,如让孩子自己挑选衣服的款式和颜色,让孩子决定周末做什么,等等。

5. 信任的需求

信任在不同学科中有不同的定义,心理学认为,信任是个人价值观、态度、心情及情绪、个人魅力交互作用的结果,是心理活动的产物。随着年龄增长以及独立意识的增强,孩子被信任的需求也在不断增强。

假如孩子遇到困难挫折，父母的信任就是他战胜困难的动力。反之，孩子便会觉得孤立无助，容易产生畏惧、逃避心理，因而无法克服困难。因此，父母在与孩子沟通时，可以经常说"没关系""你能行""我相信你""我知道你能做到"之类的鼓励性语言。

二、释放善意，解开孩子的心结

孩子是独立的个体，有自己的身心特征、认知特点与思维方式。然而，由于能力所限，他们有时候会陷入思维的"怪圈"，进而形成心结，类似我们平常所说的"钻牛角尖"。

解开孩子的心结的最好方法，就是释放我们的善意。绝大多数人都有去医院看病的经历，如果负责打针的护士温柔和善，我们就不会感到打针有多么痛；如果我们遇到面目呆板，言语冰冷的医生、护士，没等诊治、打针，可能就会感到不适。这就是善意的力量。

有许多情况可以使孩子产生心结，下面列举几种情况。

1. 家庭暴力

父母经常吵架甚至发生家庭暴力，会给孩子留下心理阴影。假如父亲用暴力的方式对待妻子、儿女，就会给孩子造成一种心理错觉，那就是暴力的行为能够让对方服从自己。

孩子会无意识地模仿、学习父母的言谈举止，成年之后，这些孩子的性格往往内向、自卑，在感情问题上常常具有暴躁和消极情绪，对待亲情更是十分淡漠、憎恶，甚至会对亲近的人施以暴力。

2. 缺少父母陪伴

缺少父母陪伴的孩子会感觉心灵上没有依靠，往往会形成胆小怕事、懦弱的性格。他们会选择将自己的心事隐藏起来，不向任何人透露，内向的性格也因此产生。

3. 孤独

绝大多数孩子活泼好动，喜欢与别人分享自己的情绪和想法。而孩子在感到孤独时，往往会把自己关在屋里，独自写作业、独自玩游戏，吃饭的时候也很少与父母交流，等等。长此以往，可能就会患上孤独症，也叫自闭症。

无论是哪种情况导致孩子产生心结，父母都不可忽视，因为这很可能会导致孩子产生心理障碍，甚至诱发心理疾病。而释放善意则是打开孩子心结的最好办法，在日常生活中，除了使用善意的肢体语言，如微笑、点头、握拳（表示加油）等，我们还可以经常说这样的话：

"对不起，是妈妈错了。"

"宝贝，吃饭了，再不吃就凉了。"

"爸爸明天休息，带你去动物园。"

"天凉了，出门要戴帽子啊。"

……

如果父母发现孩子有了心结，一定不要盲目地指责批评，而要采取适当的方式，最大限度地释放善良和爱意，引导他们从"牛角尖"里钻出来。

三、映射情感：说出孩子的感受

从某种意义上讲，映射情感相当于同理心。同理心一词最早用于美学领域，是指人作为主体在观察和了解一个客体（比如人或者艺术品）时，把自己的经历、生命和情感投射到这个客体之中，并被其感染，最终理解和欣赏其美感，进而达到主客体交融、合一的心理现象。

其实，早在2500多年前，我国伟大的思想家孔子就诠释了同理心。有一次，弟子问孔子："有一言而可以终身行之者乎？"孔子回答说："其恕乎！己所不欲，勿施于人。"弟子的意思是："有没有一句可以终身奉行的话？"孔子的意思是："大概就是'恕'吧！自己不想做的事，断不可强加在别人身上。"

"恕"就是用自己的心推想别人的心，体现了儒家"推己及人，仁爱待人"的思想。"己所不欲，勿施于人"，这不正是同理心意识的精髓所在吗？

在与孩子沟通的过程中，父母"映射情感"就是管理孩子情绪的一种有效方式。

现实中，许多父母会为送孩子去幼儿园发愁。这时，责骂、吓唬孩子都无济于事，最好的办法就是映射情感，说出孩子的感受，"宝贝，你不想去幼儿园，是因为害怕吗？"

孩子可能会说，"是"。

父母可以接着说："你是害怕孤单，害怕幼儿园没有小朋友和你玩，是吗？"

如果孩子说"不是"，父母就要继续揣摩他的内心想法。

如果孩子说"是"，父母可以这样说："宝贝，你不用害怕，幼儿园里有许多小朋友，他们都会和你一起玩……下午放学我们会来接你，你很快就能够见到爸爸妈妈了。"

映射情感的沟通模式能够缓解孩子的紧张、恐惧心理。经过父母的劝慰，孩子一般都会乖乖地去幼儿园。

采用"映射情感""同理心"进行沟通，目的就是帮助孩子管理、疏导情绪。当局者迷，旁观者清。在当时的情况下，孩子往往并不明白自己的想法，更不用说控制自己的情绪了。如果父母采取不恰当的沟通方法，不仅无法疏导孩子的情绪，而且会使孩子对父母产生怨恨心理。这时，父母就要起到"镜子"的作用,映射出他们的内心世界,说出他们心中的悲伤、恐惧、愤怒,让他们知道,父母是理解他们的、是爱他们的。

暑假就要结束了,女儿的表姐要回农村老家,女儿恋恋不舍。

妈妈看出女儿的悲伤之情,便说:"过几天开学,你就可以和同学一起玩耍,不会感到孤独了。"

女儿仍然难掩心中的悲伤之情,情不自禁流下泪水。

妈妈说:"你是二年级的小学生了,又不是三四岁的小孩,哭什么呀!"

岂料女儿哭得更加伤心,甚至发出"呜呜"的哭声。

上例中,妈妈完全没有感受到女儿的悲伤情绪,在她看来,暑假结束后与表姐分开并不是一件大事,不值得掉眼泪。但她的沟通方式并没有消除女儿的悲伤情绪,属于无效沟通。如果能掌握"映射情感""同理心"的方法,妈妈就会这样与女儿进行沟通。

"我知道你和表姐在一起非常开心,但是你们都要上学,她得回去了。如果实在难受,那就哭一会儿吧。"

很快，女儿就能从悲伤的情绪之中走出来。

采取映射情感的沟通方法，孩子的负面情绪可以得到分担，因此可以起到良好的疏导、缓解作用。下面这些语言都具有类似效果，父母可参考，灵活运用。

"他的话让你发怒了。"

"你看上去很生气。"

"老师误会了你，所以你感到非常委屈。"

"你养的小海龟死了，你很伤心，对吗？"

"你有很多想法，但是一下子说不清楚，是吗？"

"我知道，你对他的做法非常不满。"

"快考试了，你有些害怕，是吗？"

……

需要提醒的是，父母应用映射情感的沟通方法时，不需要过多说教，更不能说出"你太让我失望了""你真没出息"之类的气话，这种发泄式的语言不仅不能消除或缓解孩子的不良情绪，还会伤害他们的自尊心，加重他们的负面情绪。

总之，对于孩子来说，父母是其一生中对他们影响最大的人，是推动他们感知世界、接触世界的强大精神力量。对于父母来说，做一面"镜子"，映射出孩子的内心情感，可以帮助他们管理情绪、疏导情绪，培养良好的性格、塑造高尚的人格。

四、针对孩子的感受而不是行为做出反应

面对孩子各种各样"令人讨厌"的行为,许多父母都会感到心烦、生气、愤怒、失望,甚至会产生"你怎么能这样对我"之类的想法。可你想过没有,你只是看到了孩子的行为,你理解他内心的感受(情绪)吗?

心理学认为,每个人的行为,都是在各种内部或外部的刺激影响下产生的活动。我们这里所说的儿童行为,是狭义的概念,专指儿童在内部意识驱使下产生的一系列活动,也叫运动或行动。

要知道,每个人的行为都受情绪的影响,如领导心情不好的时候可能会训斥下属。孩子也是如此,他们的每一种行为背后,都隐藏着自己的感受(情绪),如同下面这个孩子。

> 母亲带着3岁的儿子参加同学聚会。同学们很长时间没有见面,聊得非常开心。儿子在餐桌旁来回跑动,并且哇哇乱叫,同学们看着她的儿子,脸上露出异样的表情。
>
> 母亲察觉到同学们的表情,立即喝止了儿子。儿子站在那里,呆呆地看着妈妈。
>
> 看到儿子停了下来,母亲继续与同学们聊天。
>
> 可是没过半分钟,儿子又开始来回跑动,母亲又一次

喝止了他，儿子注视着母亲。片刻之后，母亲接着聊天，儿子则继续跑动，速度很快，还兴奋地唱起了儿歌。

当儿子故意碰到母亲的椅子时，母亲生气了，大声喝道："不要再跑了，停下来！"

儿子马上停止了跑动，但满脸委屈，哇哇大哭起来。

怎么会出现这样的结果呢？主要是母亲只看到了孩子的行为，那就是瞎跑、瞎叫，却忽略了孩子的内心感受。母亲与同学们聊天，孩子有一种被忽视的感觉，因此采取瞎跑、瞎叫的行为，期望引起母亲的关注。儿子前两次停下来看着母亲，是希望母亲能走到他身边，和他说几句话。然而母亲却自顾自地继续与同学们聊天，三番五次之后，孩子的愿望没有得到满足，反而受到母亲的呵斥，心中期待、迷茫、委屈的情绪再也憋不住了，终于以哭的方式爆发出来。

生活中，孩子还会表现出一些令人头疼的行为。其实，只要把握他们的内心感受，这些"问题"就都会迎刃而解。

1. 说脏话

有的时候，孩子会说一些脏话，孩子说脏话，一是为了吸引大人的注意；二是为了在同伴面前显示自己厉害、有本事；三是为了在孤独、无聊或受到委屈的时候发泄心中的不满。

对于这个问题，首先，父母要找到孩子说脏话的原因，满足他们的心理需求，才能纠正他们的不良习惯。其次，听到孩子说脏话，可以采取漠视的态度，对其进行"冷处理"，当他发现说脏话对父母起不到什么作用，就不会再说了。最后，孩子不会自己"创造"脏话，他说的脏话一定是从其他小朋友身上、电视上或者父母身上学来的。因此，我们要让孩子远离那些带有不良习气的朋友，让他多看些有教育意义、正能量的电视节目，同时以身作则，给孩子创造一个健康、洁净的语言环境。

2. 说谎

对观察到或认识到的事物，儿童常会记错或遗忘，再加上自己的主观想象，就会说出与事实不符的话。这类话语并非儿童故意编造的，心理学称之为无意性说谎。

有些儿童由于爱慕虚荣，也会说谎话。比如，吹牛说自己的成绩多么优秀、自己家的条件多么优越，等等，其目的在于在与他人的交往中占据有利地位。

还有一种是逃避性说谎，也叫保护性说谎。比如，医生要给一个4岁的小孩打针，孩子就会用手捂住屁股说："我没有屁股。"这样做是为了逃避打针而说谎。

导致儿童说谎的心理因素还有很多，如想象谎言、愿望谎言、友情谎言、复仇谎言等，我们不再一一讲述。父母只有明白孩子说谎的心理原因，然后对症下药，才能消除这种不良行为习惯。

3. 插话

大人谈话的时候，孩子常会凑到跟前发表自己的言论。

孩子插话是"自我中心思维"的一种表现。拥有这样思维的人只能从自己的立场和观点看待事物，而不能从他人的角度看待事物。从儿童发展心理学的角度讲，表现欲强的孩子喜欢插话，这样的孩子往往充满自信。

孩子插话是要引起父母的重视，但是很明显，这是一种不礼貌的行为，容易引起交谈者的厌恶。如果放任不管，孩子就可能养成油嘴滑舌的坏毛病。这时不妨这样对孩子说："原来你也在思考，你说的不错。但现在我和叔叔要聊一些工作上的事情，回头再探讨刚才你提到的问题。"

4. 发脾气

发脾气常表现为乱扔东西、打人、大声哭喊、抱住父母的腿赖着不走、在地上打滚等。

孩子发脾气，是因为他们有一种天生的、自然的，想要实现全部愿望的本能。比如，父母过度溺爱、被老师或父母误解、身体不适等，都会导致孩子乱发脾气。

孩子发脾气时，父母首先要控制自己的情绪，不能以暴制暴。最好的方法就是设法让他冷静下来，转移其注意力。等到孩子的情绪恢复正常之后，再询问其发脾气的原因，然后有的放矢。比如，父母不给孩子买想要的东西，他们就容易在超市或商场发脾气，那么在出门之前，父母就要和他们说明购物预算和计划，征得孩子同意，他们就不会乱发脾气了。

总之，针对孩子的行为作出反应，就像头痛医头、脚痛医脚，治标不治本。只有用同理心挖掘孩子的内心感受，才能做到对症下药，让亲子关系更加亲密、融洽。

五、建立与孩子的双向沟通

所谓双向沟通，是指在沟通过程中，发送者和接收者的位置不断交换，且发送者是以协商和讨论的姿态面对接收者的，信息发出以后还需要及时听取反馈意见，必要时双方可进行多次重复商谈，直到双方满意为止。

双向沟通将相互理解作为沟通的基本前提，离开相互理解，沟通将困难重重。既然是双向沟通，就要运用同理心。然而，有些父母却忽视了这一原则，将亲子沟通变成了单向沟通，例如以下这个例子。

放学回家后，儿子写作业有些磨蹭。

妈妈："写作业总是磨磨蹭蹭的，什么时候见你利索过呀？"

儿子："我……"

妈妈："还不快点写！我对你说过一百遍了，上课认真听讲，课后才能顺利完成作业。"

儿子："今天……"

妈妈："不是今天，你每天都是这个样子！"

儿子沉默了。

在上面的例子中，其实第一次儿子也许想说"我现在肚子有些不舒服"，第二次也许想说"今天下午喝了同桌的一瓶饮料，肚子便开始疼起来"。

这位妈妈的单向沟通方式，会直接让沟通陷入僵局。我们不难推测，她的儿子将多么委屈和难受。

有些父母常常说"对孩子的爱就是爱的不等式"，总认为在孩子身上花费了大量时间和精力，孩子却不懂得感恩、不知道回报。可是仔细想想，也不能把错误全部推到孩子身上，父母也没有掌握亲子沟通的双向原则。

除了语言方面的单向沟通，父母的"强势"和"纵容"实际上也是一种单向沟通。

强势的父母认为孩子要无条件地服从自己，所以对待孩子非常严厉，会通过一些强硬的方式让其顺从自己的意愿，如体罚、威胁等。这样教育的结果，往往是孩子虽然听话，内心却非常脆弱，做事没有主见，缺乏独立性。由于父母对他的期望值很高，所以会导致孩子变成"完美主义者"，结果这样的孩子不仅不能变得"完美"，反而常常饱受挫败感的煎熬，渐渐形成人格缺陷。

一味纵容孩子的父母往往性格比较温和，对孩子的期望较低，会尽量满足孩子提出的各种要求，例如下面这对母女。

女儿："妈妈，我想要二十块钱。"
妈妈从口袋里掏出钱递给女儿。
女儿："妈妈，我想先看电视，然后写作业。"
妈妈指了指茶几上的遥控器。
女儿："今天晚上我想吃比萨。"
妈妈便开始订比萨外卖。

上面这种沟通方式可以称为"自下而上的单向沟通"。在这种环境下成长的孩子，会形成没有责任心、脾气大、自私自利、自高自大的不良性格，严重影响其成年后在社会上的立足与发展。

那么，父母应如何建立与孩子的双向沟通呢？

1. 接受孩子的独立性和差异性

尊重并接纳生命个体的独立性和差异性，是双向沟通原则的基本理念。心理学家指出，世界上没有两个人是完全一样的，每个人的思想、信念、价值观、性格等都不相同。虽然孩子是父母基因的延续，但他们的情感、思想、信念等并不受父母控制。因此，父母要抛弃"父母"的身份，不要把他看成"孩子"，不要说"一切是为了你好"的口头禅，这样才可能促进亲子双向沟通的顺利进行。

2. 让孩子适当付出

既然沟通是双向的，那么交往也应是双向的，父母与孩子的关系应当是平等的。父母愿意满足孩子的任何条件，而且不图回报。这虽然是爱孩子的表现，但也可能给孩子造成一种错误的认识：父母为我做的一切都是理所应当的。孩子虽然年纪小，父母也可以让其适当付出，做些力所能及的事。

比如，下班后，爸爸可以说："爸爸今天累了，可以帮我揉揉肩吗？"孩子一般会答应："好的。"妈妈做好菜后，可以说："宝贝，菜好了，端出去吧。"孩子也会高兴地答应："马上来。"此外，还可以让他把房间整理一下，或者下楼时扔掉垃圾，等等。这时，父母不要过于心疼孩子，让他们做些事情，这恰恰是他们建立自我价值感的最好机会。在这样的家庭环境中，父母与孩子的双向沟通往往更加融洽、有效。

3. 让孩子把话说完

父母在与孩子沟通时,应该先给孩子充分表达自己想法和情绪的机会,鼓励他们用自己的语言描述他们的想法和关心的事情。不管孩子说的对不对,父母都一定要耐心听完,不要打断孩子,更不要迫不及待地单方面给出答案,或者生硬地批评孩子。

第四部分

掌握亲子沟通的技巧

第一章　亲子日常交谈的技巧

不同的说话方式，会带来不同的沟通结果。父母必须针对孩子的心理特点，运用各种技巧，让孩子愉快地接受合理的教化，不断成长。

一、打造畅所欲言的沟通环境

当今社会，人际关系如同一张网，人就是网上的绳结，与其他绳结彼此相连。换句话说，处在社会中，我们不可避免地要与他人进行交流和沟通。人出生之后就具有双重属性，一是自然属性，二是社会属性，其中社会属性是任何人都无法摆脱的，要想在社会上生存，就必须具备一定的沟通能力。对于孩子来说，如果缺乏沟通能力，将来的生活和事业都会受到极大限制，而良好的沟通能力则是帮助他们走向成功的跳板。

帮助孩子提高沟通能力的有效办法之一就是打造畅所欲言的沟通环境。具体来讲，可以从以下几个方面入手。

1. 构建和谐的家庭关系

家庭是孩子的第一所学校，父母是孩子的第一任老师，和谐的家庭氛围是促进孩子身心健康发展的重要因素。父母说话的语气决定了一个家庭的"风水"，更决定了一个家庭的氛围。如果不和、争吵不休、相互指责，就容易导致孩子胆小、懦弱，缺乏安全感。在这样的家庭环境中，谈何提高沟通能力？

2. 选择合适的交流时机

唐太宗不仅是善于治理国家的帝王，也是教子有方的父亲。他曾经说过，教育孩子要"遇物而诲，择机而教"。"遇物而诲"就是遇到什么事情，结合当前的情境进行相应的教育，而不是空泛地说教；"择机而教"指的是要选择合适的机会进行教育。培养孩子的沟通能力也是如此，需要把握合适的时机。比如，晚饭之后、睡觉之前，可以聊聊当天发生的事情；若孩子年龄较小，则可以讲几个有趣的小故事。需要注意的是，父母和孩子情绪激动、有客人在场、孩子疲劳等情况下，都不适合与孩子交流。

3. 让孩子表达自己的意见

有些父母容易犯一个错误，那就是代替孩子回答问题。比如，有人问"小朋友几岁了"，有些父母担心孩子不敢说，或者说话不利索，便会越俎代庖，说"我们家孩子 4 岁了"。心理学家认为，这样的方式会阻碍孩子语言功能的发展，也会打击孩子的自信心。虽然孩子的生理、心理功能尚处于成长阶段，但是他们也有自己的想法和感受。遇到一些事情时，可以征求孩子的意见，让他们自由表达内心的想法。

4. 不局限于学习方面的话题

有些父母在与孩子沟通时，总是离不开学习这个话题。他们认为一切都要以学习为中心。其实这种做法恰恰违背了前文所说的"遇物而诲"，无论什么事情都要归结到学习上，如此，孩子会产生抵触心理，并不会把我们的话真正放在心上。最好聊些孩子感兴趣的话题，这样既能增进亲子感情，又能促进孩子的思维发展、提高孩子的沟通能力。

5. 通过游戏进行沟通

孩子是生来好动的，是以游戏为生命的。游戏是幼儿的基本活动，对于孩子来说，游戏就是生命、生命就是游戏。

幼儿到了三四岁时，会认为所有东西都是有生命、有思想感情和活动能力的，因此我们常常会看到幼儿与玩偶说话，这种现象在心理学上被称为泛灵心理。父母可以顺应孩子的发展需求，利用这个时期他们独特的思考特点，通过游戏的方式与其沟通。年龄稍大些的孩子，能够通过游戏的方式学习、模仿社会生活，并从中获取知识和经验。

6. 带孩子参加聚会

有些孩子在自己家里能说会道、滔滔不绝，可是在陌生环境中就会局促不安、表情木讷。鉴于此，父母可以带孩子参加大人的聚会（视具体情况而定），这样就可以拓宽孩子的视野、帮助孩子增长见识，同时提高其沟通能力。

7. 带孩子旅行

父母可以经常带孩子去旅行。由于心情放松，与孩子交流起来自然就会比较顺畅。此外，欣赏沿途的山山水水、花草树木，观赏各具特色的景点，领略当地的风土人情，让孩子问问路、体验一下购物氛围，与陌生人交谈几句……都能提高孩子的人际交往能力和语言表达能力。

总之，父母只要针对孩子的心理特点，敞开心扉，与孩子站在平等地位上沟通，就能打造畅所欲言的沟通环境。

二、用孩子听得懂的词句表达

在沟通过程中，一方传递信息，另一方接收信息，双方保持"同频"，才能达到沟通目的。所谓同频，就是双方的思维在同一个频率上。假如一个人只会汉语而不懂英语，另一个人只会英语而不懂汉语，那么他们之间的沟通一般不会畅通。

现实生活中，许多父母叽里呱啦说了一大堆话，孩子却基本上没听懂。为什么会出现这种情况呢？主要原因是父母没有考虑孩子的语言能力和认知能力，而是在以成年人的逻辑思维和语言与孩子沟通。此时，双方根本不在同一频率上，当然达不到沟通目的。比如，我们对小学二年级的孩子说"学习要温故而知新"，他听后肯定会一脸茫然。成年人与成年人交流，用几句成语或者古文，都很正常。但是与孩子交流时，使用成语或者古文就有些不妥了。二年级的小学生会背的古诗也没有几首，更不用说理解古文了，但如果对他说"复习学过的知识，就可以得到新的体会"，孩子也许就能听明白了。

更重要的是，孩子的自尊心都很强，他们会因为听不懂父母的话而觉得没有面子。经常对孩子说他们无法理解的语言，不仅不利于双方沟通，还会引起孩子的反感。

那么，在与孩子沟通时，我们应该使用哪些词语、句子？采取哪种表达方式呢？

1. 使用儿向语

儿向语，是一种专门说给幼儿听的语言。语言的内容和表达形式（包括词句、语气、语速等）都要适应儿童的语言能力和认知能力，考虑儿童的理解能力和接受能力。成人对儿童说的话与成人之间的对话有明显的差异，这种特定的语言就叫儿向语，即儿童导向的语言，它不同于儿化语。

生活中的儿向语有很多，如"手手脏了""吃饭饭""喝水水""咬饼饼""太阳公公""月亮姐姐"，等等。儿向语具有音量高、音节重复、词语简单、语速缓慢的特点，在孩子年纪较小、语言表达能力较差的时候，这种语言容易被模仿，有利于激发儿童学习语言的兴趣。随着儿童年龄增长以及语言能力逐步提高，便不再适合用这种语言与其交流；父母应使用比较规范的语言，帮孩子慢慢学习语法结构。

2. 使用简洁的语言

儿童的语言表达能力和理解能力较差，很难明白太长或太复杂的句子。如果父母语言中的的信息太多，就好像同时向孩子抛去好几个苹果，让孩子手足无措，不知道该接哪一个。因此，父母要改变用语习惯，使用简洁的语言，尽量使用陈述句和祈使句，不要使用隐喻的表达方式，更不能使用反问句。

例如，在向孩子提要求的时候，父母可用简单的"动词"加"名词"的方式表达："洗脸，上床，睡觉。"而不要说："到卫生间去洗脸，然后上床，盖好被子睡觉。"后面这种表达方式比较啰唆，孩子不容易理解。

3. 说话要有所指

早晨上幼儿园之前，好多父母常常会这样说："宝贝，快点，要迟到了。快点，快点准备好！"然而结果往往不尽如人意，父母急得团团转，孩子却一脸满不在乎的样子，仍然玩来玩去。

这是因为孩子的思考能力正处于具体思维阶段，还没有达到抽象思维阶段。其思维依赖于具体内容，解决问题的方式依赖于实际的动作。对他们来说，"快点"太过笼统，"准备好"太过抽象，因此，他们会对父母命令式的语言置若罔闻。

这种情况下，父母应该使用具体有所指的表达方式，比如："现在刷牙洗脸，然后吃早饭。"洗漱完毕，再说："现在吃早饭。"吃完早饭之后，再说："现在穿衣服，换鞋子，背上书包。"

使用这种具体有所指的语言，孩子才会在听懂的基础之上，在行动上配合父母。

4. 使用有层次的语言

父母在教孩子一些事情时，可以使用有层次的语言，按照一定的顺序表达。

比如，带孩子认识卧室时，可以说："打开门，有一张桌子，桌子上面放着你的玩具，桌子后面有一把椅子，椅子后面是一张小床。"

再如，想让孩子吃饭时，可以这样说："宝贝，先洗洗手，然后坐凳子上，开始吃饭。"

还可以说一些简单的关联语句，如："因为这幅画非常漂亮，所以你喜欢它。""虽然游乐园很好玩，但是天晚了，我们要回家了。"

经常这样与孩子交流，孩子就可以逐渐掌握方位词以及具有顺序性、逻辑性的语言。

5. 考虑孩子的心理感受

在与孩子交流时，不仅要做到意指明确，还要考虑孩子的心理感受。比如，要求孩子放学后不要在外面玩耍，要按时回家时，可以说："放学后在外面玩，不按时回家，爸爸妈妈会担心的。"这样，孩子感受到父母的关爱，就很容易听从父母的意见。

如果对他说："在学校不许和同学追逐打闹，晚上7点之前必须回家！"虽然孩子也能明白这些话的意思，但是会感到父母在限制他、命令他，容易产生逆反心理。正确的沟通方法是，跟孩子说"我知道你想玩一会儿，但是安全更加重要""放学后早点回来，免得爸爸妈妈担心，好吗？"

总而言之，父母在与孩子沟通时必须正确评估不同年龄段的孩子的语言水平和认知能力，要以略高于其水平的语法、语义和语言内容与其交谈，同时杜绝使用深奥的、说教式的表达方式。

三、交谈时允许孩子争辩

《弟子规》中有一句话："父母教，须敬听。"就是说父母教育孩子时，孩子必须恭敬听从。然而现实生活中，孩子随着年龄的增长，心理发育日渐成熟，常常会与父母争辩。这是一个令许多父母十分头疼的问题。某网站曾进行过一次调查："你最讨厌孩子的什么行为？"75%以上的父母的回答是"争辩、顶嘴"。

让我们看看下面这种常见的亲子沟通场景。

"今天老师说你和同学打架了。"此时，父亲的心情还算平静。

"没有打架！我只是推了他一下。"儿子争辩道。

"推了同学还不是打架？"父亲认为，"推"和"打架"并没有什么区别。

"是他把我的文具盒碰到地上，而且还不捡起来。"儿子接着争辩。

"文具盒又没摔坏,你自己捡起来不就行了吗?"此时,父亲将自己的意愿强加到孩子身上。

"是他碰掉的,凭什么让我捡?"儿子心中已经有了自己的是非观。

"那,那也不能打人。"父亲有些词穷。

"反正是他碰掉的,他就要捡起来。"儿子屡屡争辩。

就像在上面例子中看到的,随着年龄的增长,孩子在和父母沟通时,会出现争辩、顶嘴的现象,这时候父母的心中往往会升起一股无名火。实际上,此时父母感到恼火的原因,主要是他们没有把孩子放在和自己平等的地位与其沟通,他们认为,孩子年纪还小,缺乏知识和阅历,必须对父母言听计从,只要争辩,便是"大错"。

从心理学上讲,孩子虽然年纪小,但也是独立的个体,会有自己的情绪和思想。比如,上面例子中的儿子就有自己的想法:"是同学把文具盒碰到地上的,为什么让我捡?这不公平。"孩子进行争辩,也是心智逐渐成熟的体现。

对于孩子来讲,在与父母交谈时进行争辩,有以下积极意义。

一是可以促进大脑发育,增强语言表达能力。心理学研究表明,孩子在同父母争辩时,往往最为兴奋。在这种兴奋的状态下争辩,有助于大脑的发育。同时,孩子为了强调自己观点的正确性，会尽可能地运用学到的词汇，把想法有条理地表达出来。这样一来，便可增加孩子的词汇量、提高孩子辩论的逻辑技巧、增强孩子的语言表达能力。

二是可以增强自信心，培养独立自主的性格。先不说孩子之前行为的对与错，如果孩子在与父母争辩的过程中占据上风或者完全获胜，孩子获得的满足感与成就感不言而喻。经常这样交谈，有利于增强孩子的自信心，培养孩子独立自主的性格。

三是可以培养公平正直的品德。《荀子·子道》中有一句话"父有争子，不行无礼"。意思是，父亲有敢于直言争辩的儿子，就不会做出不合礼制的事情。孩子在与父母交谈时会极力辨明是非曲直，表明孩子自我意识的觉醒，这对于坚持公理正义、提升自我道德品质来说，无疑会起到推动作用。

那么，具体到教育实践中，面对爱争辩的孩子，父母应该如何与其交谈呢？

1. 正确引导争辩方向

有些父母在与孩子交谈时，不是就事论事，而是激化矛盾。比如，爸爸说："给爸爸拿一个苹果。"女儿靠在沙发上一动不动，说："你自己不会拿吗？"这本来是一件小事，爸爸便大发雷霆："拿个苹果都不愿意，还能指望你做什么？"女儿反驳："那就别指望了呗！"显然，父女争辩的话题，已经从拿苹果转移到其他方向了。

女儿的这种争辩甚至有些挑衅的态度，是摆脱儿童无方向状态的一种途径，他们是在检验自己的极限能力。父母此时必须进行正确引导，比如，爸爸可以说："乖孩子，给爸爸去拿一个，这两天爸爸加班，累得腰酸背痛。"掌握了孩子的心理特点，就不会让争辩朝着恶劣的方向发展了。

2. 不要随意打断孩子说话

有些父母听到孩子说话"驴唇不对马嘴"，就会马上打断孩子说话。儿童心理学家认为，这种做法是不尊重孩子的表现，会给孩子造成巨大的心理阴影。正确的做法是，无论孩子的观点是否正确，都要让他把话说完。

3. 保持温和的态度

许多父母在与孩子交谈时，没有正确把握他们的心理特点，摆出一副高高在上的姿态，态度十分傲慢。面对这种父母，孩子往往不敢继续争辩。长此以往，其性格会趋于内向，甚至患上抑郁症。

4. 不可让孩子触碰争辩的底线

当今时代，在放纵和溺爱中长大的孩子比比皆是，争辩是针对孩子不同年龄的心理特征进行的沟通，而不是纵容孩子无法无天。我们在为孩子提供宽松、平等的争辩氛围时，一定要守住争辩的底线，严禁孩子触碰。比如，无理取闹、欺负其他弱小朋友、争辩时胡搅蛮缠、撒泼打滚、争辩时说脏话、打骂父母，等等。这些情况是绝不允许出现的。

四、如何用提问引发孩子的谈兴

一般情况下，孩子1岁左右时便开始咿呀学语，到了3岁左右就能与成年人进行正常交流。可是有些孩子到了3岁之后，仍然不爱说话。出现这种情况的原因有：一是生理方面的原因，如听力障碍、孤独症等；二是成长环境的原因，如父母工作太忙没时间陪伴孩子；三是性格的原因，如胆小、内向等。如果排除了生理因素，父母就不必担心，可以在生活中抽时间多陪孩子，经常与他们交流，孩子不爱说话的状况就会得到改善。此外，也可以采取提问的方式引发孩子的谈兴。

提问是一门科学，也是一门艺术，掌握以下提问方法，有助于提高孩子的语言表达能力及发散思维能力。

1. 开放式提问

开放式提问就是提出比较笼统、宽泛的问题，而不限制回答的内容，让孩子充分发挥，畅所欲言，大胆说出自己的想法。开放式提问即常常使用"怎么""什么""为什么""你的意思是……""你觉得……""你认为……""后来呢？""结局会是什么样子？"之类的词、句式，让孩子对有关的问题、事情作出比较详细的反应，而不是仅让其以"是"或"不是"来回答。

例如，孩子拿着语文试卷，说："妈妈，这次语文只得了 81 分。"

妈妈说："你好像对这次的成绩不太满意？"（说出孩子的感受）

孩子说："是啊，我平时很努力，得分应该再高一些。"

妈妈说："那你原本希望考多少分呢？"

孩子说："至少 90 分以上吧。"

妈妈说："哦，那距离你的目标还有些差距，你觉得是哪些知识点本应该得到分却没有得到呢？"（这就是开放式提问，鼓励孩子主动思考）

孩子拿起试卷认真分析起来。

接下来，妈妈可以这样提问，"如果重新考一次，你会如何作答？"或者"你觉得问题解决了吗"，等等。

除了学习，父母也可以就生活中的其他事情进行开放式提问，日积月累，孩子就会从"不爱说话"变得"伶牙俐齿"。

2. 探究式提问

探究式提问也叫探索式提问,是指父母提出的问题都要围绕一个重点,让回答者对该问题进行探究与挖掘。提的问题可以是一个,也可以是互相联系的多个。但要注意把握尺度,问题过多,自己的思路也容易混乱,问题也容易偏离重点,孩子也会因不理解谈话的主题而产生不耐烦的情绪。

比如,《小蝌蚪找妈妈》的故事说的是池塘里的一群小蝌蚪去找妈妈,它们分别遇到了鲤鱼和乌龟,鲤鱼和乌龟都说自己不是它们的妈妈,并且把蝌蚪妈妈的相貌特征告诉了它们,后来这群小蝌蚪找到了自己的妈妈青蛙。讲故事时,父母先不要说出最终结局,而要一步一步围绕"妈妈"这个重点提出问题:"为什么乌龟不是小蝌蚪的妈妈?""小蝌蚪找到妈妈了吗?""小蝌蚪的妈妈究竟是谁?"通过这样的提问,让孩子去思考,然后回答问题。最后,还可以继续引发孩子的谈兴,问:"如果你找不到妈妈怎么办?"这样就可以让孩子展开想象的翅膀,尽情表达自己的想法。

3. 趣味式提问

兴趣是最好的老师。父母提出的问题如果具有趣味性,就能激发孩子的好奇心和求知欲,从而针对问题展开话题。

比如,辛弃疾的《清平乐·村居》中有"最喜小儿亡(同无)赖"一句。在与孩子一起学习时,如果父母直接问:"无赖是什么意思？"恐怕孩子会回答："无赖就是耍赖皮的坏人。"但是换一种方法提问就是："小儿是个无赖，为什么别人还会喜欢他呢？"孩子可能就会觉得这个问题比较有趣，便会进行思考。此时，父母可以鼓励孩子："按照你的理解，尽情说出你的看法。"当然，由于语文水平有限，孩子可能想不出恰当的答案。这时父母就可以告诉他："这里的'无赖'并不是'游手好闲，蛮不讲理'的意思，而是'顽皮'的意思。"这样，既帮助孩子学习了语文知识，又可以激发孩子的思考和探索。

4. 生活情景式提问

生活情景式提问，就是提的问题要与日常生活息息相关，目的是激发孩子的大脑思维、提高其对事物的认知水平、帮助他们积累生活经验。

比如，父母与孩子一起读绘本《我讨厌妈妈》。这本书的主人公是一只小兔子，它对妈妈的表现非常不满，总是抱怨妈妈没帮它洗衣服、乱发脾气、一直催它快点但有时候自己慢吞吞的、不准它看动画片、星期天赖床不给它做饭。一气之下，小兔子决定离家出走，但最后还是以"没拿球"为借口回到妈妈的身边。读完之后，父母可以这样提出问题："小兔子为什么讨厌妈妈？"

孩子一般会回答："因为妈妈没帮它洗袜子。""因为妈妈乱发脾气。""因为妈妈不让小兔子看动画片",等等。

父母可以接着提问:"对于小兔子讨厌妈妈这件事,你有什么看法。"

孩子可能会说:"我的妈妈和小兔子的妈妈差不多,有时候也很讨厌。"

父母:"为什么这样说呢?"

孩子可能会说:"昨天妈妈嫌我把衣服弄脏了,今天上午妈妈没给我买果汁……"

父母提问:"你这样讨厌妈妈,你觉得妈妈还爱你吗?"

孩子可能要思考一下,然后回答:"我觉得妈妈还是爱我的。"

父母提问:"这又是为什么呢?"

孩子就会打开话匣子,说出一些理由。

除了上述常用的提问方法外,生活、学习中处处都有提问的机会。父母要根据不同的时机、场合、事件对孩子提出问题。孩子在表达自己的观点时,父母不要打断,而要用微笑、眼神或其他的肢体语言给予鼓励。即使孩子的答案不准确,甚至是错误的,也不要指责,而要与孩子一起分析、探讨,让他明白什么是正确的答案、这个答案为什么正确。这种亲子问答既能增进亲子感情,又能帮助孩子掌握知识,提高思维能力和语言表达能力,可谓一举多得。

五、"家庭会议"的妙用

家庭会议是全家人共同参与、共同探讨某个家庭议题的方式,是实现亲子有效沟通、建设和谐家庭的良好手段。对于孩子的成长来说,家庭会议有以下好处。

一是增强孩子的归属感。参加家庭会议,可以令孩子感觉到更加安全,感觉自己是这个家庭的一分子,感觉到自己与其他成员的关系更加亲密。另外,孩子也会对家人更加信任,生活或学习中遇到困难,也会大胆地告诉自己的家人。

二是发现孩子的内心需求。大多数父母比较忙碌,孩子在上幼儿园后也要学习,因此没有太多的时间坐在一起互相沟通。通过家庭会议的方式,一家人面对面坐在一起,父母可以发现孩子的内心需求。

三是增强孩子的平等意识。孩子虽然年龄较小,但其既是社会中的一员,也是家庭中的一员,在人格方面与其他家庭成员是平等的。经常召开家庭会议,会令孩子的平等意识逐步增强。否则,他们就会感觉自己在家庭地位方面与父母不平等,甚至会产生自卑心理。

四是增强孩子的责任感。孩子可以参加家庭会议,就会感觉这个家庭的未来和幸福需要他的积极参与、他对这个家庭负有重大责任。这种责任感会让孩子更加珍惜家庭生活的美好,并为家庭幸福贡献自己的力量。

五是提高孩子的综合能力。包括语言表达能力、思维能力、解决实际问题的能力。在家庭会议的发言、讨论的过程中，孩子会在自己的认知范围内尽力思考解决问题的方案。长此以往，就能够在一定程度上提高孩子的综合能力。

那么，父母应如何组织全体家庭成员开好家庭会议呢？可以参考以下几个步骤。

第一步，感激、致谢。

参加会议的所有成员都可以向其他成员表示感激之情，并发表简单的致谢词，比如：

妈妈："女儿这几天帮我擦地，而且擦得非常干净，我对她表示感谢。"

爷爷："孙女这几天帮我买菜，省了我很多事，谢谢她！"

女儿："我想谢谢爸爸，他工作很忙，但是每天都要接送我上学、放学。"

……

作为至亲的家庭成员，刚开始召开家庭会议时，说些有些"见外"的谢词，可能会有些尴尬，但随着家庭会议召开次数的增多，这种尴尬就会消失，家庭成员之间的关系也会更加和睦。

第二步，讨论及解决问题。

这是召开家庭会议的关键环节，讨论及要解决的问题包括上次家庭会议的遗留问题，以及目前所有家庭成员在工作、生活、学习中的问题。这些问题可以写在卡片上,也可以写在会议记录本上。我们先来看看下面这次家庭会议。

父亲最先发言:"今天由我来主持家庭会议,会议的主题是解决志威写作业慢的问题。最近一段时间,志威非常用功。无论多晚,写完作业才去睡觉。我们讨论一下,如何帮助志威加快写作业的速度。"

母亲说:"儿子,睡觉太晚不利于身体健康。你说一下,是什么原因导致你写作业速度较慢?"

志威说:"主要是有些题不会做。"

父亲说:"儿子,对不起,我和妈妈忽视了你写作业速度慢的原因,这些题老师讲过吗?"

志威说:"老师讲过,但是讲得有点快,我没能及时理解。"

母亲说:"老师讲得快,可能你不能理解,但是其他同学也许听明白了。你想过吗?怎样解决这个问题?"

志威说:"课间休息时向老师请教。"

父亲说:"说得有道理,如果老师不方便,可以问问成绩优秀的同学。另外,还可以自己看书,深入理解课本上的内容,往往能够解决问题。"

母亲补充:"如果还是不会,我和爸爸也能担任你的家庭老师,帮助你完全理解课本上的内容和习题。"

志威说:"好的!谢谢爸爸妈妈!"

就这样,一次家庭会议,成功地解决了孩子"写作业慢"的问题。需要注意的是,在讨论过程中,即使孩子的观点比较幼稚,父母也不可嘲笑,更不可批评指责,那样会打击孩子的自尊心和参加家庭会议的积极性。解决问题的方案得到全体家庭成员的同意,这一步骤即可结束。

第三步,讨论家务。

当孩子的动手能力达到一定程度,他们就应该承担起力所能及的家务了。在家庭会议上讨论家务,可以培养孩子的责任感和合作精神。大家可以列出所有要做的家务,用分配、抽签等方式决定下一周或下两周每个人要做的家务,其他成员要对其所做的家务进行适当监督。

第四步,制定家庭活动目标。

这是亲子沟通的一个重要环节。解决所有问题之后,全家人就可以制定一下周末的活动目标,如去公园、打球,或者全家人到外面品尝一顿美味,等等。这样就会让孩子对接下来的日子充满向往和期待。

召开家庭会议需要注意以下几点。

最好定期召开,如每周一次,渐渐形成惯例;时间不要太长,可控制在30分钟左右;准备会议记录本,父母、孩子都可以记录,孩子不会写的字可以用拼音或者图画代替;讨论的问题应从家里的小事入手，但更要专注于孩子的成长。

总之，家庭会议可以是比较正式的，也可以是带有游戏色彩的，它并没有固定的模式，也没有固定的讨论内容，关键是要倡导平等、全体参加、人人发表意见。在这种家庭氛围的熏陶下，孩子就会提高家庭成员相互尊重、和平相处的责任意识，同时提高生活和社交技能。

第二章　赞美孩子的技巧

赞美孩子并非简单的口头夸奖和表扬，而要根据孩子心理发展的规律和特点，从细微处入手，按照一定步骤、运用一些技巧进行表扬，让孩子切实从赞美中发现自己的优点，从赞美中获得不断成长进步的自豪感。

一、为什么"你很聪明"不如"你很努力"

我们常常能听到父母称赞自己的孩子"你很聪明"，却很少听到"你很努力"。这两种称赞方法有什么不同吗？哪种更好呢？

有学者认为，父母应该赏识孩子的后天努力和礼貌，而不应该赏识他们的先天聪明。因为夸奖孩子"你很聪明"会让他们形成一种固定型思维模式，即"我真的很聪明"；而夸奖孩子"你很努力"，则会让他们形成一种成长型思维模式，即"我不够聪明，但可以通过努力获得成功"。

心理学家认为，拥有固定型思维模式的人与拥有成长型思维模式的人主要有以下几点区别。

1. 自我评价的准确度不同

拥有固定型思维模式的人，要么有些自卑，认为自己什么都不行；要么有些自大，认为自己什么都比别人优秀。这种评价方式过于极端，难免失真。

拥有成长型思维模式的人，则相信能力可以不断培养，因此能够以开放的心态准确评估自己的水平，也容易接受别人提出的批评和建议。

2. 对成败的看法不同

拥有固定型思维模式的人，认为聪明人应该永远是成功的，这会让他们极力掩饰缺陷，逐渐变成不求上进的人；而他们一旦在某件事情中失败了（如考试成绩不理想），就会觉得自己成了永远的失败者——

拥有成长型思维模式的人，认为要想取得成功，必须拓展自己的能力、必须不断学习，他们认为即使失败了，也要从中吸取经验和教训，不断解决面临的新问题。

3. 关注点不同

以"订正试卷"为例，拥有固定型思维模式的人，在老师发下判完的试卷后，会急着看分数和排名，并不关心答案，只要自己排名靠前，大脑就会非常兴奋，他们想的是"在我后面还有那么多人呢，我还是很聪明的"。

拥有成长型思维模式的人，会先核对答案，而不是关心分数和排名。如果与正确答案不一致，他们想的是"怎么会错在这里"。他们认为，改正错误才是第一要务，然后继续努力，不断进步。

综上所述，父母还是多夸孩子"你真努力"，尽量别夸孩子"你真聪明"。

二、赞美孩子的行为过程，而不是结果

夸奖和赞美胜过批评和指责，这已经成了人们公认的育儿真理。可是有些父母非常不解：为什么自己也遵循这种教育理念，但孩子却一直没有进步，与同龄孩子相比，差距反而更大？教育专家认为，造成这种结果的原因之一，就是赞美孩子的方法有问题。比如，许多父母都会使用以下话语赞美孩子：

"宝宝，你画的画太漂亮了，真棒！"
"儿子，这次数学考了100分，真优秀！"
"儿子，你得了短跑比赛第一名，很好！"

不难看出，这些父母只是在赞美孩子的行为结果，而没有赞美孩子的行为过程。蒙台梭利认为，这种教育方法是完全错误的，尤其是对于3岁—4岁的孩子来说，因为他们已经进入"完美敏感期"。蒙台梭利指出，这个阶段的儿童开始对周围的事物产生自己的衡量评判标准，并且对于外界的秩序、完整度等都有了更高的要求。比如，睡觉前要把被子铺得整整齐齐，才钻入被窝；白纸若被别的小朋友画了几笔，就会将白纸丢弃；面包掉了一个角他就不愿再吃；等等。

这个时期，如果父母一味地赞美成功的结果，而忽略孩子做事时的努力过程和认真态度，就很有可能会让孩子为了得到一个美好的结果而过度紧张。当然，由于孩子只在乎最后的结果，所以在做事过程中往往不能够集中注意力。

反之，赞美孩子做事的过程，会有以下好处。

1. 在过程中享受快乐

孩子由于年纪较小，做某件事情之前不会想到结果，只是本能地去做。比如，孩子画一幅画，是凭借自己的认知和想象努力完成，并不知道最后会画成什么样子。如果父母只注重结果，画得好就赞美，画得不好就批评，孩子就享受不到画画过程中的快乐了。

再如，孩子在与其他小朋友玩耍时，也在尽情享受同龄人之间的默契和快乐；在玩耍过程中，他们可以用自己的方式解决问题（如把土堆起来堵住流水），由此获得胜利的喜悦。这种情况下，如果因看到孩子衣服上沾满泥土而表示不满，他们在玩耍过程中享受到的快乐也将荡然无存。

2. 在过程中学习知识

任何知识都是一点一滴积累起来的，中间会经历学习的过程。

> 小学二年级的赵宇非常喜欢昆虫。这天上午，他跟妈妈来到楼下的草坪玩耍，看到路边的一个蚁穴，于是他找到一根小木棍，拨拉蚁穴旁边的蚂蚁。看着蚂蚁忙碌的样子，赵宇高兴极了。看到蚂蚁数量很多，他想："一个小小的蚁穴，能住下这么多蚂蚁吗？"于是便向妈妈请教。
>
> 妈妈回答说："这个嘛……我也不太清楚。家里有一本《动物世界》，你看了就明白了。"

回到家中，赵宇急切地翻开书开始阅读。就这样，孩子在玩耍的过程中发现（想到）了问题，然后学到了知识。

3. 在过程中成长

任何事情只有经过尝试，才知道能不能完成。比如，一个孩子非常喜欢画画，那么他在学习画画的过程中，就会学着去搭配色彩、调和色彩，学着去构思图案、设计整体布局……同时还会向老师请教、与同学交流。在整个过程中，孩子的思维能力、想象力、绘画经验等都能得到成长。

4. 在过程中变得坚强

孩子做事的时候都不会一帆风顺，总会遇到许多挫折和困难。学走路时的一次次摔倒、爬起，穿衣服时从不利索到利索，学唱歌时音调从不准确到准确……克服困难的过程会让孩子一步步变得更加坚强。他们会相信只要勇敢面对，就可以战胜困难。

如果有些父母不知道如何赞美，可以学习以下模拟场景中的方法。

场景1：孩子作业完成得很好，用时也短了不少。

父母可以这样赞美他："你在写作业的过程中没有吃零食，及时发现了写错的题目并进行了改正。很好！"

场景2：孩子考了100分，兴冲冲地跑回家。

父母可以这样赞美他："考满分很不容易。你为此付出的时间、精力，我都看在眼里。继续保持！"

场景3：孩子画了一幅画，非常漂亮。

父母可以这样赞美他："这幅画颜色搭配得非常好看，你是怎么想到用这样的颜色画它的……哦，原来是这样想的，挺会思考呀。另外，这棵大树的设计很有创意，你凭借自己的创意和努力，才让这幅画如此漂亮，你一定想了很长时间吧……真好。"

场景4：8岁的女儿帮妈妈洗好一棵白菜。

父母可以这样赞美她："你洗得非常认真，真的很棒！"

场景5：孩子帮妈妈拖地，但拖得并不干净。

父母可以这样赞美他："比上一次拖得干净多了，有进步！"

场景6：女儿学习包饺子，但结果不尽如人意。

父母可以这样赞美他："你包饺子的态度非常认真，而且包的饺子有创新，很不错！"

总之，父母赞美孩子时，切忌只注重结果。每个孩子的成长都是一个过程，没有量变不可能产生质变。因此，只注重结果而不注重过程的父母，可以说是"一叶障目，不见泰山"。

三、赞美孩子的"三步法"

现代心理学认为，赞美、信任和期待是一种能量，它能改变人的行为。当一个人获得另一个人的信任、赞美时，就能增强自我价值感，同时获得一种积极向上的动力。

然而，有些父母不知道孩子需要赞美，只担心过多的表扬会使孩子骄傲自满。

就拿学习来说,学习是一件苦差事,如果只是一味地苦读,尝不到一点成功的喜悦,就如同在走一条坎坷不平又看不到尽头的小路,走得久了,难免会怀疑自己走错了路,更有可能会怀疑自己的能力,时间长了势必会厌倦。因此,父母应看到孩子的点滴进步和成功,并给予适当的表扬或鼓励,哪怕一句"今天很不错",都能让孩子体验到奋斗的价值,从而激励自己再下苦功夫。

具体到沟通实践中,父母可以采取下面这种赞美孩子的"三步法"。

第一步:陈述事实

当孩子有对的或好的行为时,父母要明确告诉他,什么地方做对了、什么行为值得肯定和欣赏。

比如:"我看到你今天洗碗了,真孝顺。"

"你今天帮妈妈扫了地,妈妈非常开心。"

"你今天把玩具整理好了,这非常棒!"

……

如果没有陈述具体事实,就算赞美,孩子也会感觉父母在敷衍他,并不在意他的表现。时间长了,孩子就会对这种赞美失去期望。

陈述事实时,父母切忌贬损孩子。比如,"你已经会洗碗了,看来你也不笨",这类话会让孩子觉得自己在父母心里原来是一个笨孩子,容易让孩子形成自我否定的心理。

第二步：表达感受

孩子一方面渴望得到赞美，另一方面也希望看到父母的态度。因此，父母对孩子的行为感到高兴时，一定要表达出这种感受："你做什么事都很努力，让我感到骄傲和自豪。"简短的一句话，就是孩子前进的动力。

第三步：总结行为

把孩子值得赞赏的行为总结为一个词。比如在第一步中，孩子帮妈妈扫了地，赞美之后可以加上一句："孩子，这就叫成长。"孩子整理了随处乱放的玩具，父母赞美孩子之后可以加上一句："宝贝，这就叫有条理。"这样，既可以帮助孩子增长词汇量，又可以给他们积极的心理暗示。他们会在心中默想，"我还要继续成长""我以后要把东西收拾得更加有条理"。

通过以上三个步骤，孩子一定会感受到父母实实在在的赞美，从而树立更加坚定的自信心。相信孩子、解放孩子，首先要学会赞美孩子。可以这么说，没有赞美就没有教育。因此，父母一定要掌握赞美孩子的"三步法"，让孩子充分享受赞美。

四、从细微处赞美孩子的优点

让我们先来讲一个"题外话"。社会上有一种"职业"

叫"算命先生"。很多人算命后感觉算命先生说得挺准，于是欣然奉上卦金。那么，算命先生究竟是怎么做到的呢？

其实很简单，算命先生通过观察人们的外貌举止，揣摩人们的心理，然后说一些模糊而笼统的话。算命先生绝对不会说具体的时间、地点、事件，如"明天上司就会采纳你的方案""你到某某地，一定能发大财""你现在就着手干某件事情，一定会取得成功"，多数情况下会说"你的命中有贵人相助"。

"贵人"本来就是一个非常含糊的概念，可以是曾经教育过我们的老师、帮助过我们的长辈、关系密切的朋友、公司中团结协作的同事，等等。如果不加时间限定，那么"你的命中有贵人相助"这句话基本上可以套用在任何人身上。

类似的话还有"你年轻时曾经遭遇过一些挫折""家里人最近可能不太健康"，等等。事实上，不仅年轻的时候，我们在一生中经常会遭遇挫折。"家里人"指的是谁？"最近"是什么时候？"不太健康"指的是轻微感冒还是重大疾病？也就是说，算命先生说的都是废话。

现在，我们回到正题，算命先生这些模糊而笼统的废话，和父母赞美孩子时常用的一些语言差不多，例如：

"宝宝，你太棒了！"（他什么地方棒？）

"你真是个好女儿。"（她哪些方面好？）

"你真是妈妈的好帮手。"(他在哪些方面帮助你了?)

……

实际上,每个人都希望得到他人的赞美,孩子更是如此。在他们还是婴儿的时候,就能通过父母的举止、表情、声调判断父母的情绪;能听懂父母说话之后,就可以辨别出自己是受到了赞扬还是责备。但赞美孩子直接点出其优点,否则容易造成孩子的错觉,觉得自己各方面都非常优秀。正确的赞美要体现在细微之处,比如,刚学走路的孩子,每前进一小步,父母都要给予赞美和表扬,这样孩子便会欣赏自己、肯定自己。即使孩子的缺点很多,但如果他的每一次微小进步都能得到赞美,就能聚沙成塔、集腋成裘,最后缺点越来越少,优点越来越多。

有位心理学家曾做过一个实验,他在报纸上刊登广告,声称自己是占星师,能够遥测每个不相识者的性格。随后,有600多位读者寄来信件,表示愿意接受测试。于是,心理学家给他们分别寄出了遥测评语。

很快,有200多位读者回信表示感谢,称他的遥测非常灵验、准确。实际上,心理学家寄出的600多份遥测评语内容完全相同:"您的想象力非常丰富,身上蕴藏着巨大的潜力;有时候,您的意志会产生动摇,但到了紧要关头,您的意志非常坚定;您虽然在人格某方面有些缺陷,但您都有办法弥补;有些时候您外向、亲和、充满社会性,有些时候却内向、谨慎而沉默……"①

这样的遥测评语肯定"灵验",也容易被人们接受。因为每个人都希望自己拥有巨大的潜能而且没有充分发挥;每个人都希望自己意志坚定,拥有完美的人格,受到他人的喜欢……心理学家把人们乐于接受这种概括性的性格描述的现象称为"巴纳姆效应"。

我们不难看出,巴纳姆效应与前面所说的算命先生的套路如出一辙,说的话虽然笼统概括,却都是"正确"的。然而,这种笼统概括的赞美,会让孩子认识不到自己的缺点。我们常说细节决定成败,那么,该如何从细微处赞美孩子的优点呢?

(1)赞美虚心:"你能接受其他同学的意见,这点做得很好。"

(2)赞美责任心:"你勇于承认自己犯的错误,不错。"

(3)赞美选择:"真为你高兴,因为你选择了美术培训班。"

(4)赞美参与:"你今天参加活动时的表现很好。"

(5)赞美细心:"要不是你记得钥匙放在红色盒子里,今天可糟糕了。"

---

① 参见黄君,多纳著:《零基础心理学入门书——日常生活中的荒诞心理学》,中国法制出版社2020年版。

（6）赞美勇气："那么高的陡坡你都敢爬上去，非常难得。"

（7）赞美组织力："在你的组织下，几个小伙伴终于把这件事干完了。"

（8）赞美努力："虽然这次比赛没能获奖，但我看到了你的努力，加油！"

（9）赞美创意："你的想法太奇妙了，真有创意！"

（10）赞美态度："你今天写作业时非常认真。"

（11）赞美合作精神："你和小伙伴们的合作太完美了。"

（12）赞美信用："我知道你会准时回家的，因为你是个讲信用的孩子。"

（13）赞美热心："你真热心，王阿姨说你帮她把一个小箱子抱回了家。"

以上种种，不胜枚举。每个孩子身上都有闪光点，只要父母用心，就能从细微处发现他们的优点。如果父母经常从细微处赞美孩子，孩子就会因肯定性评价而获得愉悦的心理体验，从而被激励。

五、借他人之口赞美孩子

许多父母都明白赏识教育的重要性，因此会抓住一切机会赞美孩子。然而有些细心的父母发现，对于父母的赞美，孩子表现得很冷淡，甚至不屑一顾；反而是他人偶尔的一句赞美，能够让孩子异常兴奋，尤其是被喜欢或者崇拜的人赞美，他们往往会欣喜若狂。

小雅是个既聪明又漂亮的女孩，周日随妈妈到姑姑家做客。姑姑看到心爱的侄女小雅，不由得夸奖起来："小雅，挺长时间没见面，你越来越漂亮了，学习成绩怎么样？"

小雅有些不好意思，低下了头，说："还行，年级排名前三。"

姑姑竖起大拇指，说："太棒了！"

回到家中，小雅情绪高涨，说："姑姑夸我了，姑姑夸我了！"

此后，妈妈每次和姑姑见面后，都对女儿说："小雅，姑姑又夸你了，说你不仅聪明伶俐，而且能帮妈妈做家务……"

在姑姑的激励下，小雅更加努力学习，更加有礼貌，更加懂事了。

为什么他人的赞美有时候比父母的赞美更有效果呢？主要是因为父母赞美孩子时，往往带着偏爱，而外人的评价、赞美则要客观、公正一些。相对于父母出于偏爱的赞美，孩子更愿意听到他人口中客观、公正的赞美。

由于孩子认为别人并不是因为偏爱,而是因为自己足够优秀才赞美自己的,所以别人的赞美让孩子觉得更加真实,也更容易成为孩子积极向上的动力。

然而,有些父母不太明白这个道理,遇到他人赞美孩子时,总会尽显谦虚风度,说自己的孩子并不优秀,甚至会说出孩子的一些缺点,比如下面例子中的这位妈妈。

勇勇是二年级的小学生,头脑聪明,成绩非常优秀。

周日,邻居王阿姨到家中做客,王阿姨的儿子康康与勇勇同班。

两人聊着聊着,就聊到孩子的学习成绩上来。王阿姨说:"你家勇勇太棒了,每次考试都名列前茅。"

勇勇的妈妈表现得非常谦虚,说:"也不是啦,他在家里可不听话,每次写作业都磨磨蹭蹭,背诵一篇课文要很长时间……看看你家康康,不胖不瘦,身体多结实。"

王阿姨说:"嗯,康康可喜欢运动了。"

妈妈对正在写作业的儿子说:"勇勇,你也要经常运动,向康康学习。"

勇勇嘴上"嗯"了一声,但心里非常难受,作业也不写了,并且打开了电视机。

勇勇听到他人的赞美,还没来得及享受和体验,兴奋的情绪就被母亲的批评压制了。当着外人的面，父母的这种做法很容易伤害孩子的自尊心，瞬间就会引发他们的负面情绪。当别人赞美孩子时，父母正确的做法是回复一句："孩子平时非常努力，我为他感到骄傲。"

与自己赞美孩子相比，借他人之口赞美孩子有以下好处。首先，能够帮助孩子正确认识自己在他人心中的印象，容易使孩子与他人的关系变融洽。如果孩子不知道自己在他人心中的印象，常常会出现人际交往障碍。因此，父母应该将他人的赞赏适时转达给孩子，比如"老师说你非常勤快，经常帮助值日生打扫卫生，继续努力！"

其次，父母经常赞美孩子，会给孩子带来疲劳效应。如果有意识地借他人之口赞美孩子，则能给孩子带来新鲜感，也更能激发他们的信心和潜力。

最后，父母借他人之口赞美孩子，孩子会觉得以自己为荣，在心理上会更加愿意接纳，如此，能够促使亲子关系更加融洽。

为了让孩子得到他人更多的赞美，父母可以采取以下技巧。

（1）引导他人赞美孩子。比如，几位父母在一起聊天，个个都在赞美别人的孩子，没有一个夸奖自己孩子的。我们就可以这样说："你们就别谦虚了，我觉得我们家孩子很好，懂礼貌、爱学习、爱运动……"这时，其他父母也会纷纷赞美他。

（2）让他人看到孩子的成绩或作品，就能够达到借他人之口赞美孩子的目的。

可以编造一个"他人"。比如，我们可以对孩子说："今天老师表扬你了，说你上课听讲非常认真，继续努力吧！""琪琪的爸爸说你和小朋友相处得非常融洽，直夸你人缘好。"

第三章　批评孩子的技巧

人非圣贤，孰能无过。身心发育尚未健全的孩子，难免会犯这样或那样的错误。对于犯错的孩子，父母既不能放任不管，又不能恐吓孩子、矫枉过正。正确的做法是运用一定的技巧，在维护孩子自尊的前提下，让他们认识到自己的错误，并逐渐改正过来。

一、具体的批评与空泛的批评

每个孩子在成长过程中都会犯这样或那样的错误。正所谓"玉不琢，不成器"，父母对待犯错的孩子切不可听之任之，否则孩子会一错再错。我们知道，批评是帮助孩子改正错误的必要手段。在教育孩子时，批评的门道比表扬还要高深，因为批评一定要讲究方法，这是一门艺术，你用得好，它比表扬还有用。

许多父母在批评孩子时，常常采用空泛的批评方式，就是将笼统的概念套用在孩子身上，借外部信息对孩子作出评判。

空泛的批评往往有以下表现。

1. 不问缘由，胡乱批评

孩子的考试成绩下降了 15 分，父母既不问此次试题的难度是否增加，也不问孩子在班里的排名，更不关心孩子考试时候的精神状态是否良好，而是不分青红皂白地一顿指责："考试成绩一次不如一次，你怎么这样？我真的非常失望！"

2. 批评孩子不分场合

由于粗心，孩子做错了一道题，父母当着客人的面，严厉批评道："你怎么会把题中的已知条件看错？到底长没长眼睛？真是个废物！"

3. 喋喋不休，没完没了

孩子考试成绩不理想，父母心中生气，开始喋喋不休："你这孩子怎么回事？这么简单的题连 90 分都考不了……成天只顾着看电视、玩游戏……再这样下去，我都要让你烦死了……"

这种批评空泛无物，会让孩子感到无所适从，并且很容易伤害孩子的自尊心，甚至引起孩子的逆反心理。

与这种批评方式相对的是具体的批评，也就是说，批评不是笼统的概括，而是有具体所指，比如，"这是你这周内第三次做完作业没有整理书桌了""今天遇到隔壁王叔叔没打招呼，显得有些没礼貌"。这种具体明了的批评，马上就能让孩子意识到自己所犯的错误，并且努力改正。其实，要想做到具体的批评，也不是一件太容易的事，父母可从以下几个方面入手。

1. 控制自己的情绪

在生气、愤怒的情况下，很多父母会忘记批评孩子是为了帮助他改正错误，而不是发泄自己的情绪。因此，父母要学会控制自己的情绪。控制情绪的方法有很多，比如，暂时离开孩子，回到自己的房间，到洗手间照照镜子，多做几次深呼吸，听一段舒缓的音乐，等等。

2. 批评孩子要"对事不对人"

比如，孩子考试失利时，许多父母会责骂孩子："你看看你，这么简单的题都不会做，笨得跟猪一样。"孩子生活在这种消极的环境下，自然而然会对自己失去信心，产生焦虑、不安、自卑的心理。

正确做法是，与孩子一起分析试卷，发现具体错误，然后一个个改正。

3. 批评前必须先找到根源

孩子的每一种错误行为背后，都有一定的根源。仍以孩子考试失利为例，孩子考不好的原因，可能是上课听不懂，没有及时解决；或者是考试的时候太紧张，没有发挥好；又或是平时没有好好努力，学习不太刻苦；等等。只有找到错误根源，才能对症下药，提出具体的批评意见。

4. 说明改正错误后的好处

说明改正错误后能获得的好处，相当于为孩子指出一条"光明大道"，可以提高他们改正错误的积极性。我们可以这样说："你每天坚持这样做，就能养成爱整理的习惯，同时又能一目了然地找到学习用品。节省下来的时间可以做其他事情，比如，可以多玩一会儿。"

总之，空泛的批评如同算命先生的废话，而具体的批评则可切中要害，让孩子明白自己究竟错在哪里，从而有针对性地及时改正。

二、批评时做到"不贴标签"

相信大家经常会听到父母这样批评孩子：

"这点小事都做不好，你真是个笨蛋！"

"真是个粗心的孩子，这么简单的题你都能做错？"

"怎么把文具盒落学校了？记性差的老毛病又犯了。"

"真是个捣蛋鬼！"

"真是个懒虫，都几点了还不起床！"

……

"笨蛋""粗心""记性差""捣蛋鬼""懒虫"等，都是父母给孩子贴的"标签"，很多父母把这些"标签"挂在嘴边，说得就仿佛这是孩子的"特征"或者"天性"一样。

有这样一位父亲，他经常当着孩子的面对别人说："这孩子从小就不善言辞，像个闷葫芦。一天说不了几句话，就知道胡写乱画，根本不是学习的料……"

等到孩子上学后，无论老师问什么，孩子都一言不发。课间休息时，同学们都去玩耍、做游戏，他却从不参加，而是独自坐在教室的某一个角落里"胡写乱画"。

父母和老师都以为他智力低下，便去找专门机构进行测试，结果显示"智力正常"。

那么，应该如何批评孩子呢？父母可参考以下方法。

1. 不要轻易给孩子下结论

即使孩子犯了错误，父母也不要轻易给孩子的行为下"一定好"或者"肯定坏"的结论。要先了解事情的原委，然后再客观地评价孩子的行为和性格。

2. 批评要就事论事

批评孩子时要只批评其具体的不良行为，不要涉及孩子的性格、品格和能力。

3. 批评时不忘鼓励

每个孩子都有自己的缺点，但也有自己的优点。父母批评缺点的同时，也要肯定优点，比如："你虽然这次粗心了，但妈妈知道你是个善于思考的孩子，下次肯定不会犯同样的错误了。"

4. 忌用不良词汇

父母批评孩子时，绝对不可以使用以下不良词汇：傻瓜、笨蛋、不中用、饭桶、垃圾、废物、懒虫、马虎蛋，等等。

三、批评时表明你的期望

我们知道，批评孩子只是一种手段，而不是目的，目的是让孩子改正错误，变得更加优秀。美国著名心理学家罗森塔尔指出，假如成年人对孩子的能力充满信心，孩子的智慧就能得到充分的发挥和发展；如果成年人对孩子不予关注，也没有期望，孩子就会感到自己被忽视、没有价值，就会像一棵无人修剪的小树一样，难以成长为栋梁之材，甚至可能枯萎。

期望是一种心理预测。我们之所以能感到幸福，就是因为内心期望得到了实现。期望是孩子成长进步的驱动力，没有期望，就没有进步。期望是一种可以使人发生变化的心理暗示，这种心理暗示可以产生巨大而神奇的力量。

一位父亲回到家中，看见刚粉刷的墙壁上面画满了乱七八糟的图案。不用问，又是6岁的儿子豆豆干的。父亲火冒三丈，准备狠狠地批评豆豆。

豆豆从自己的卧室跑到父亲面前，说："爸爸，我喜欢画画，所以在墙壁上画了'孙悟空大闹天宫''美人鱼'，还有'八仙过海'……你看，画得漂亮吗？"

听了豆豆的话，正要发作的父亲冷静下来，心想："儿子喜欢画画是一件好事，只是由于年纪小才画在了墙壁上。我应该做的是引导和保护他的美术天赋。"

想了一会儿，他对豆豆说："墙壁不是画画的地方，以后千万别犯这种错误了。不过你的画确实很漂亮，画到本子上就更好了。继续努力，我的儿子长大后能成为一名画家。"

听了父亲的一番话，豆豆非常高兴，此后再也不到处乱画了。随着年龄的增长，他的绘画水平不断提高。后来像父亲期望的那样，成了一位小有名气的画家。

这位父亲在批评孩子的同时，表明了自己的期望，即期望孩子以后成为一名画家。这种在批评中寄予期望的方法，能够帮助孩子走上成材之路。

虽然期望效应具有巨大而神奇的力量，但父母表明自己的期望时还要做到以下几点。

1. 期望要具有挑战性

父母提出的期望要稍稍高于孩子的现有水平，但通过努力可以达到。期望太高，根本无法实现；期望太低，既没有激励性，又不能促使孩子不断进步。

2. 期望要持久

比如，期望孩子在两三年或更长的时间里，能达到何种程度。甚至可以根据孩子的特长、爱好、兴趣，提出十多年后的期望。

3. 不要把期望变成负担

父母对孩子的期望越高，孩子承受的压力就越大，如果这种压力超出了孩子的承受范围，就会给孩子造成心理上的负面伤害，比如焦虑、烦躁等。父母一旦发现，应及时降低期望。

四、告诉孩子如何弥补错误

古人云，人非圣贤，孰能无过？过而能改，善莫大焉。孩子处于不断变化、成长的阶段，他们对大千世界感到既陌生又好奇。孩子在探索世界的过程中，免不了会犯错。正是在一次次犯错、纠正、再犯错、再纠正的循环中，孩子才能一步步成熟起来。对于父母来说，如果孩子犯了错，该如何弥补错误呢？我们先看看下面这种情形。

一对母子逛完超市，正走在回家的路上。突然吹来一阵大风，妈妈的围巾随风飘扬。妈妈本来想用手按住围巾，可是两只手还提着刚买的一些物品。小男孩看到妈妈的窘态，说："我帮你拿小箱的牛奶吧。"妈妈稍显犹豫，但还是把牛奶递给了小男孩。

小男孩有些大意了，接过牛奶后没有拿稳，一下掉在了地上。说来也巧，牛奶刚好掉在别人丢弃的垃圾上。小男孩满脸惊恐地看着妈妈。

妈妈特别恼怒，一边骂着乱扔垃圾的人，一边训斥小男孩："你都10岁了，拿个牛奶还掉在了垃圾上，真没用！"

小男孩哭了，站在那里不知所措。

妈妈的训斥一定伤透了孩子的心。以后再遇到这种情况，小男孩还会主动帮妈妈拿东西吗？当然不会了。假如妈妈采取另一种方法呢？

妈妈看到儿子的表情，说："没事的，把外面的纸箱扔了就行，里面的牛奶盒还是干净的。"

"我觉得牛奶箱不大，应该不重，有些没太在意，不小心掉在地上了。也不知道是谁随地乱扔垃圾。你不怪我吧？"孩子小声地问。

"妈妈不怪你，谁都有粗心大意的时候。纸箱没法要了，把它扔到垃圾箱里。这下你只能抱着牛奶回去了。"妈妈抚摸着小男孩的头说。

于是，母子俩心平气和地回到了家中。

第一个情景中，妈妈的做法既伤了孩子的自尊心，又不利于孩子改正错误。而第二个情景中，妈妈的做法却让孩子感到了浓浓的母爱。

几年前，某地发生了一起男孩高空泼墨事件。一个淘气的男孩站在自家阳台，往下面泼了一大瓶墨水，导致楼下住户在阳台上晾晒的衣物受损，楼外墙也溅上了许多墨水。

　　事情比较严重，男孩的妈妈查看现场之后，带着男孩到所有受到影响的住户家登门道歉，让孩子当面承认自己的错误。事后，妈妈把所有被弄脏的衣物拿回家中，让孩子陪同逐件清洗。有些衣物实在无法清洗干净，她就带着孩子照价赔偿。至于楼体外墙，妈妈雇来师傅清洗。在母亲的要求下，男孩观看了整个清洗过程。当时气温较高，男孩被晒得浑身冒汗。

　　孩子闯了那么大的祸，母亲既不骂也不打，而是用实际行动教育儿子犯了错误后应如何弥补。

　　心理学家认为，儿童的认知能力有限，他们有时无法理解高于其认知水平的语句，反而会对感官或者情境的体验感受更加深刻。让孩子承担相应的责任、体验犯错的后果，就是弥补错误的最好方法。

　　在亲子沟通过程中，父母可以参考"三R"方法，告诉孩子应如何弥补犯的错误。

　　第一个R，Recognize，承认，即承认错误，父母用事实说话，指出孩子的错误，切忌以任何形式推卸责任。

　　第二个R，Reconcile，和好，意思是让孩子向对方道歉，以求获得谅解。

第三个 R，Resolve，解决，即解决问题，与利益受损一方协商，提出双方认同的解决方案。这一方案必须是可执行的，并且要让孩子去执行。

如此一来，孩子就能深切体会到犯错后要承担的相应责任，并且会尽最大努力去弥补。

孩子犯错之后，父母不应给予惩罚，而应正确批评和引导，运用同理心与孩子进行沟通，教他们学会弥补错误的办法。这样，孩子才能改正缺点，减少犯错的概率。

五、亲身示范和及时反馈的必要性

在批评教育孩子时，我们常常会说言传身教。言传就是口头上教给孩子好的思想和辨别是非的准则；身教就是亲身示范。相对于言传来说，身教有更大的效果。自己在孩子面前做一件好事，要比对孩子苦口婆心地说教十句、百句更有意义和说服力。

有个人习惯在每天工作之前先去镇上的酒馆喝点酒。有一天，下起了大雪，他还是和往常一样向酒馆走去。没走多远，他就觉得有人跟在后面，回头一看，原来是自己年幼的儿子。儿子踩着父亲留在雪地上的脚印，边跑边兴奋地喊："爸爸，你看，我正在踩你的脚印！"

听了儿子的话，父亲心中猛地一震："如果我去酒馆，儿子踩着我的脚印跟着我，他就会看到我的坏习惯。"儿子的话惊醒了父亲，父亲意识到了"示范"的重要性，于是再也不去酒馆了。①

有些孩子犯了错误，虽然父母多次批评，但仍屡教不改。这时，父母就要反省一下，孩子会不会存在这样一种心理：我也没看到你们做得多好，凭什么总是批评我？父母是不是只是口头上批评，而没有亲身示范？看了下面这个例子，我们就明白亲身示范的重要作用了。

某工厂的老孙技术高超、工作认真，他带了几个徒弟，其中小姜性格比较急躁，经常由于马虎而犯些错误。

这天，老孙检查徒弟们的工作，拍了拍正在钉钉子的小姜，说："小姜，你这个钉子钉的方向不对吧？"

小姜停下来，说："您昨天亲自示范过，就是这样钉的啊。"

老孙说："显然，你这个钉子钉的向右偏了，不合格，重新钉。"

小姜有些不以为然，说："哦，就向右偏了一点嘛，

---

① 参见袁建财编著：《只有失败的父母，没有平庸的孩子》，金城出版社2008年版，第16页。

这不是什么大问题吧？"

老孙立即满脸严肃，批评小姜说："不是什么大问题？在你的眼中仅仅是偏离了一点点，但在我的眼中已经偏离了15度角。一个钉子偏离15度，似乎没什么大问题。但这块底板总共要钉30个钉子，如果每个钉子都有偏差，底板就会大幅倾斜或者扭曲，这样如何与其他产品紧密衔接？首先，这样的产品会被鉴定为不合格产品，不能出厂；其次，就算出厂了，在搬运过程中也会产生危险，在使用过程中甚至会威胁到用户的人身安全。你还说不是大问题吗？"

听了师傅的话，小姜瞬间脸红了，吞吞吐吐地说："师傅，对不起，对不起，是我错了。"

"来，我再钉一个钉子，要看仔细了。"老孙接过钉锤，给徒弟做起了示范。

老孙一口气把整块底板的30个钉子全部钉完，个个垂直，角度完美。

从此以后，小姜虚心向师傅学习，认真工作，后来也成了一名技术精湛的高级技工。

这个例子告诉我们，要想让别人接受批评，改正缺点，我们应该亲身示范，这样对方才能心悦诚服。在教育孩子的过程中，父母要亲身示范，对孩子进行批评后，还要及时反馈，就是要校验批评效果。

由于年龄小，孩子不可能具有成年人的识别能力和控制能力，因此，单纯的批评有些苍白无力。但他们具有很强的模仿能力，父母只有亲身示范、细心指点，才能收到理想的批评效果。

六、千万不可恐吓孩子

星期天，宇宇跟爸爸去动物园玩。宇宇是第一次来动物园，终于看到了以前只在电视机、书本上见过的各种动物，非常兴奋，玩得不亦乐乎。时间很快到了中午，爸爸督促宇宇回家。

宇宇立即皱起眉头，不愿意回去，他要继续看老虎。爸爸又催促了好几次："已经中午了，妈妈在家等我们吃午饭呢……你这孩子，怎么不听话啊！"宇宇无动于衷。爸爸忍不住发起火来，大声吼道："你再不走，一会儿饲养员叔叔把你扔进去喂老虎！"

宇宇一下子哭了，飞奔过来抱住爸爸的大腿。此时他已经吓得脸色苍白，声音也有些哽咽。

这种威胁、恐吓式的说教，是许多父母经常使用的伎俩。当父母依靠自身的力量控制不住孩子时，就会借助孩子想象中的强大力量（如警察、医生、老虎等）来"震慑"孩子。这样虽然能够起到暂时的作用，但是对孩子来说有百害而无一利，其害处主要表现在以下几个方面。

1. 加剧"基础不安"感

孩子从出生起，就对父母特别眷恋，同时也有着"没有父母就不能生存"的潜在不安感，心理学上称为"基础不安"。不管孩子是否懂事，他们的心里都存有"爸爸妈妈会不会不要我"的担忧。在这种心理状态下，孩子听到类似"喂老虎""扔了你"之类的恐吓，潜在的不安就会加剧，甚至会做出极端的举动，如自残。

2. 误导孩子对事物的正确认知

有些父母用"再不听话，就叫警察抓走你"或者"不听话就让医生给你屁股打针"之类的语言恐吓孩子。然而孩子的心智还没有完全成熟，他们缺乏对事物的认知能力，因此不当的话语会导致孩子对警察、医生等职业产生误解，形成错误的世界观。

3. 影响孩子生理、心理的健康发育

儿童的神经系统非常脆弱，粗暴的态度及语言恐吓会使其精神高度紧张。部分孩子受到精神刺激后会出现身体不

适,比如,突然发热、感冒、呕吐、腹痛、腹泻等。

在心理方面,经常受到恐吓的孩子会因觉得"自己不行"而自暴自弃,他们本来可以将某事做好,但偏偏不做或干脆去搞破坏;有些孩子受到恐吓后,虽然暂时被"镇住"了,但以后便不敢再对父母说实话,久而久之便会养成说谎话、不诚实的恶习。

4. 与父母变得疏远

"你再这样,爸爸要打你了""再不听话,妈妈就要收拾你了",这些话一次又一次地进入孩子的耳朵,他们便会认为家庭不再是温暖的港湾,因此会与父母越来越疏远。

总之,每一位父母都应该明白,恐吓和威胁不但不能让孩子变得听话,而且会伤害孩子的心灵。我们可以用以下方法代替恐吓这种愚蠢的手段。

1. 以商量的口吻与孩子沟通

比如,到了回家的时间,可孩子却还要在外面玩。三番五次劝说、批评无效之后,父母可以说:"看你玩得这么高兴,妈妈再等你十分钟,可以吗?"

或者说:"妈妈现在饿得头昏眼花,你陪妈妈回去吃点东西,好吗?"

或者说:"我们先回家吃饭,吃完饭后再出来玩好吗?

顺便带上你喜欢的小毽子。"

2. 用孩子喜欢的事物进行引导

在餐桌前，孩子磨磨蹭蹭不愿意吃饭，父母可以说："你喜欢的小猪佩奇就很爱吃饭，你也快点吃吧。"千万不可说："不吃的话就永远别吃了，饿死算了。"这样就算孩子吃饭，他的心里也会感到极度委屈。

3. 转移孩子的注意力

在孩子哭闹不止时，父母应耐心、和蔼地劝解，以缓和孩子的激动情绪，并转移他们的注意力，如提出一些新的问题，引发孩子的兴趣，他们就会自然地终止哭闹了。

第四章　拒绝孩子的技巧

现实生活中，有些孩子会提出一些不合理的要求。父母当然不该毫无原则地一味满足，而是要使用一些方法巧妙地回绝。既不要带有敌意，又要防止"禁果效应"；既要给出正当的拒绝理由，又不要激起孩子的逆反心理。在沟通过程中，让孩子明白"没有规矩，不成方圆"的道理。

一、拒绝孩子的最好办法：不带敌意的坚决

实际上，许多家庭每天都要上演"父母拒绝孩子"的大戏。在超市或者玩具店，孩子喜欢一个玩具，坚决要买，而父母却不同意。于是一场"战斗"就开始了，孩子拒绝离开，大声哭闹；父母语言粗暴，连拉带拽，甚至吓唬孩子："走不走？再不走就不要你了。"

这种"战斗"的结果有两种：一是父母妥协，孩子的要求得到满足，并且以后会继续使用这种屡试不爽的办法。二

是父母离开，孩子哭喊着跟在后面，父母非常生气，孩子也特别伤心。

显然，这两种结果都不尽如人意。那么，当孩子提出不合理的要求时，父母究竟该如何拒绝呢？这里有一个很好的办法，那就是不带敌意的坚决拒绝。

许多父母在对待自己的孩子时，常常会犯两种错误：一是由于关系亲密而忽略了与孩子的界限；二是因为自己的父母身份，认为自己对孩子有绝对的领导权和统治权。如果忽略了与孩子的界限，势必会对孩子非常溺爱，有求必应。如果执着于父母身份，又会走入另一个极端：愤怒、指责、打骂孩子。在这种情况下，父母向孩子传递的信息，就是"有敌意的坚决"。使用这样的教育方式，孩子感受到的是被操控和被压制，心中也会产生敌意，从而陷入和父母的对抗之中。

这是一种两败俱伤的状态，因为敌意并不能镇压敌意，反而会激发更大的敌意。

而不带敌意的坚决，则是温和地坚持作为父母的原则和界限，用接受的状态来体会孩子的感受，用不伤害孩子的方式表达父母的立场。比如，下面例子中的这位妈妈，她就使用了这个好办法。

一个5岁男孩盯着玩具店的一个玩具，向妈妈提出想要购买。妈妈蹲下身子，看着孩子的眼睛，用坚定的语气说:"我知道你非常喜欢这个玩具,但是妈妈不能给你买,因为前几天已经买了一个差不多的了。当然,我也明白,你得不到自己想要的东西,受到妈妈的拒绝,心里非常难受。我们可以在玩具店里多待一会儿,假如你想哭就哭。"接着,妈妈把孩子搂在怀里。看到妈妈如此坚定,男孩的情绪渐渐趋于平静,不再提购买玩具的事。

妈妈的态度坚定,但没有丝毫敌意,她的做法值得广大父母借鉴。使用这种方法与孩子进行沟通时,父母还要做到以下两点。

1. 坚持原则和底线

日常生活中,有些父母本身就不清楚自己的原则和底线,因此教育出来的孩子也不会有原则和底线。还有一些父母经不住孩子的软磨硬泡,再加上心疼孩子,因此就会丧失原则和底线。有些父母根据自己的心情来决定是否拒绝孩子的不合理要求,心情好则答应,心情不好则拒绝。如此一来,父母在孩子心目中的权威就降低了,孩子也会变得比较敏感,而且还学会了察言观色。

因此,父母一定要有自己的原则和底线,比如,孩子必须尊敬长辈、学会收拾自己的房间、吃饭时不能看电视,等等,当孩子触碰这些底线时,必须坚定地说"不"。

2. 让孩子明白只是拒绝了他的要求，但还是爱他的

有的父母拒绝孩子时稍显严厉，以至于孩子连合理的要求也不敢提出，甚至会认为父母不再爱他了。父母一定要把握好分寸，给孩子传递一种信息——无论你做错什么，或者提出多么不合理的要求，我的批评和拒绝，都只针对你的行为，而不是你本人，我们会一直爱你。

二、警惕拒绝造成的"禁果效应"

在亲子沟通中，有一种情况让父母特别头疼：越不想让孩子干什么，他就越干什么；越想让他干什么，他就越不干什么。这就是心理学上的"禁果效应"。

禁果效应也叫潘多拉效应，意思是"不禁不为，愈禁愈为"。越是禁止的东西，人们越要得到手，越希望掩盖某个信息不让别人知道，却越容易勾起别人的好奇心和探求欲。这个效应来源于古希腊的一则神话故事。

潘多拉从宙斯那里得到一个神秘的盒子，宙斯告诉她千万不能打开。有一天，在好奇心的驱使下，潘多拉打开了盒子，于是，瘟疫、战争、灾祸……飞向世界每个角落，从此，人类结束了灿烂辉煌的黄金时代。因为潘多拉的好奇，人类承受了各种无休无止的痛苦。

试想一下，如果宙斯给潘多拉盒子时，告诉她盒子里装的是种种灾祸，潘多拉还会打开盒子吗？估计打开的可能性会小很多。

在心理学上，禁果效应常常表现为逆反心理。不利于孩子的健康成长。

这就需要父母在亲子沟通实践中做到以下几点。

1. 正确引导孩子的好奇心

每个人都有好奇心，只不过孩子的好奇心格外强。要想正确利用孩子的好奇心，可以使用一些小技巧，比如，孩子不愿意跑步，父母可以说："你还跑不过爸爸，不信的话可以比一比。"孩子不愿意吃饭，父母可以说："吃的饭少，长不了高个子。"

2. 与孩子提前约定，丑话说在前面

孩子的一些不合理要求常常是在他的合理要求被满足之后提出来的。比如，孩子想看动画片，父母认为这个要求是合理的，便同意让他看半个小时。看了半个小时后，孩子说"还要看"，这个要求就不合理了。因此，父母一定要与孩子提前约定，把丑话说在前面，并且让孩子自己说出来。还以看动画片为例，父母可以这样说："可以看动画片，你说吧，看多长时间？"孩子说："看半个小时。"父母要说："那我们说好了，只看半个小时。"而且到了半小时之后，一定要遵

守约定，让孩子离开电视机。

3. 对孩子说明禁止的原因

比如，某些零食吃多了对身体不好，父母就要对孩子说明不让他们吃太多零食的原因。如果父母禁止他们吃零食却不说明原因，会引起孩子的逆反心理。

三、拒绝时给孩子一个正当理由

被父母拒绝时，许多孩子无法理解父母的行为。他们不明白父母的真实意图，自己也不知所措。鉴于此，父母拒绝孩子时，一定要说明正当理由。比如，遇到以下这些情况时，父母可以使用这样的沟通技巧。

1. 孩子闹着要看电视

父母可以说："看电视时间太长，会影响你的视力。视力下降会给以后的生活、学习带来很多麻烦。今天就看到这，明天再看好不好？"

2. 孩子在外玩耍不愿回家

孩子在外面玩得高兴的时候，都不愿意回家，如果父母强行把他拉走，会让他觉得非常委屈。此时，父母可以给他一个正当的理由:"现在是中午 12 点,到了吃饭的时候。不按时吃饭对身体不好,将来你的个子也长不高。先回家吃饭,下午再玩吧。"

3. 父母不能兑现自己的承诺

由于种种原因(如单位临时加班),父母带孩子去游乐园的承诺无法实现。孩子本来高涨的情绪一落千丈,心里一定非常难受。这时父母一定要给孩子解释清楚:"宝贝,对不起,爸爸的工作遇到些问题,需要加班,实在没办法带你去游乐园了。如果下个周末没有特殊情况,我一定带你去游乐园。"

4. 孩子缠着你陪他玩

父母经常会遇到这样的情况,在外面忙了一天,累得筋疲力尽,回家后孩子缠着你陪他玩。这种情况下要对孩子说明白:"妈妈今天工作繁重,累得腰酸腿疼,需要休息一会儿,然后还得做晚饭。宝贝,你已经长大了,自己玩吧。"

5. 纠正孩子生活中的不良习惯

由于觉得好玩,有些孩子吃饭时喜欢用筷子敲打餐桌或餐具,对此父母千万不可纵容,可以这样说:"敲打碗筷和大声喧哗都是很没有教养的行为,也是不尊重他人的表现,会让别人反感和厌恶。妈妈希望你成为一个有教养的孩子，以后不要敲了，好吗？"

6. 孩子睡前想吃东西

有的孩子睡觉前还想吃面包，这时，父母就要说出正当的拒绝理由："首先，你已经刷过牙了，再吃东西会危害牙齿。另外，睡前吃东西不利于消化，会损害你的身体。"

除了上述常见情况，孩子还会提出许许多多不合理的要求，父母拒绝这些要求时都要说明理由，而不能只是简单地说一句"不行"。只有父母说出拒绝的正当理由，孩子才不会产生负面情绪。

四、用"肯定法"回绝孩子

随着自我意识的逐渐发展，孩子在3岁之后便开始在意别人对自己的看法。他们做对了某件事情，就希望得到父母的肯定，就算是犯了错误，也希望得到父母的谅解。根据孩子的这种心理特点，父母可以采取"肯定法"来拒绝孩子的不合理要求。这种方法的本质就是先扬后抑，具体来讲，可以先从以下四个方面对孩子进行肯定，再回绝他们的请求。

1. 肯定孩子的情绪

情绪是进入一个人内心世界的大门,父母能够觉察并关注到孩子的情绪,就有了打开其内心世界的钥匙。进入孩子的内心世界,父母就可以感知孩子的想法。

肯定孩子的情绪,从某种意义上讲,也就是站在孩子的立场上考虑问题。比如,孩子提出想买一双冰鞋,但他的年纪还小,这时,父母可以这样和他沟通:"滑冰是个很好的运动,我知道你非常喜欢滑冰,但是这种运动有一定的危险性,需要在老师的指导下才能进行。等你长大一些再买吧。"

2. 肯定孩子的动机

在孩子所有要求的背后,我们都能发现一个正向的动机。比如,孩子考试成绩不太理想,他想买一些辅导书提高成绩,但实际上成绩不理想的原因是课本上的知识掌握得不全面。因此,父母可以先肯定他的动机,然后拒绝:"你想看辅导书的动机很好,但是课本上的知识你还没有完全掌握。把课本上的知识学好了,成绩自然就提高了。"

3. 肯定现有成绩

即使孩子的成绩在其他人眼中很差,父母也要给予肯定。比如,孩子考了 70 分,父母可以对他说:"70 分也是一个不错的成绩,离 100 分仅差 30 分。先不用买辅导书,把课本上的知识学好,就能取得进步了。"

4. 肯定能够提升的空间

仍以上文仅考了 70 分的孩子为例,父母可以这样拒绝他买辅导书的请求:"你是个有上进心的孩子,这次考了 70 分没关系,还有很大的提升空间。现在要做的是掌握课本中的知识,暂时不用买辅导书。"

总之,使用"肯定法"拒绝孩子,一方面能维护孩子的自尊心,另一方面又能巧妙拒绝他的不合理要求,可谓一举两得。

五、掌握好"立规矩"的法则

没有规矩,不成方圆。孩子的心智还处于发展阶段,自我认知能力尚需提高,失去父母的约束,他们就更加无法分辨自己言行的好坏。在良好的家庭教育中,一定不能缺少规矩。

规矩听起来是一种束缚,其实任何事情都是有两面性的。正因有了规矩,我们才能获得更多自由。比如,"红灯停,绿灯行"的规矩,保证了我们的通行自由;图书馆"禁止大声喧哗"的规矩,保证了我们安静读书的自由。对于孩子来说,"立规矩"有三个方面的好处。

一是可以保护孩子的健康与安全。比如，每天早晚刷牙，按照规律的时间作息，饭前便后洗手，吃饭时坐在餐椅上，不可以玩火，坐车时必须系安全带，等等。这些规矩都可以保护孩子的健康与人身安全。

二是有利于营造和谐的家庭环境。合理地制定一些规矩更有利于维护家庭的秩序，营造和谐的家庭氛围。和谐的家庭氛围能潜移默化地影响孩子的内心，并逐渐渗透到孩子的生活中，影响孩子的一言一行。

三是有助于培养孩子的优秀品格。缺乏规矩的约束，孩子就会我行我素，养成自由散漫的性格，而规矩可以让孩子清楚地认识到什么是可以做的，什么是不能做的。孩子遵守纪律，自然会变得更加懂礼貌、讲文明，也会知道如何尊重他人。在规矩的约束下，孩子便可以在一个安全、稳定的环境中成长，也有助于培养他们的独立人格。

父母应该掌握好以下"立规矩"的法则。

1. 越早越好

一般情况下，孩子从 3 岁开始才会形成一定的"规则意识"，但这并不意味着要等到孩子 3 岁以后才开始"立规矩"。大量研究表明，在婴儿的饮食和睡眠上设定界限、建立规律，不仅有利于婴儿的身体健康，而且有利于其智力和行为的发展。

由此看来，我们应尽早给孩子"立规矩"。以吃饭为例，从 6 个月左右添加辅食开始，就要指导孩子遵守正确的吃饭流程：洗手，坐餐椅，戴围兜，进餐，吃饭时不允许看电视、玩玩具。

2. 立规矩时态度严肃，不喜不怒

一位父亲回到家中，看见屋里到处都是儿子乱扔的玩具，顿时大怒，吼叫道："你看看，这屋里到处都是玩具，都快没有下脚的地方了。以后绝对不允许乱扔玩具，否则我就揍你！"

儿子看到爸爸的模样，感到非常害怕，马上把玩具收拾起来。可是过了一段时间，儿子"乱扔玩具"的毛病又犯了。

还有的父母立规矩时嘻嘻哈哈、嬉皮笑脸，孩子更不会将他们的话放在心上了。

心理学家建议，父母在给孩子立规矩时要态度严肃，可以把规矩写在纸上，定下一条就写一条，放在孩子容易看见的地方。

3. 可以变通

立规矩不是用一条绳子绑住孩子，而是在地上画一个圈，标出孩子可以活动的范围，不能踏出圈子以外。另外，给孩子立下的规矩，在一定情况下应可以变通，当然，变通并不是说父母凭心情好坏改变已有的规则，而是要根据具体时间或具体外界环境适当调整。比如，孩子考试前夕，可以适当延长睡眠时间；再如，带孩子外出旅游，家中的一些规矩也不再适用。

4. 既要强硬，又要合理

父母可以要求孩子必须执行某些规矩，如早晚刷牙，过马路走人行横道、看红绿灯，不可高空抛物，不可随便拿陌生人的物品，等等。假如孩子性格内向，遇到邻居或者其他不太熟悉的成年人不敢开口说话，那就不必强求孩子执行"打招呼"的规矩，更不要批评孩子不懂礼貌，正确的做法是给予孩子更多的鼓励和引导。

5. 所有家庭成员都要守规矩

在有些家庭中，爷爷、奶奶、姥爷、姥姥也会参与孩子的教育，这样就容易出现育儿理念上的分歧。由于溺爱孩子，部分家庭成员会破坏规矩。如此一来，既定的规矩无法执行，也会影响长辈在孩子心中的威信。因此，立规矩时，必须告诉全体家庭成员，并要求他们严格遵守。

第五章　说服孩子的技巧

对于那些性格比较固执，甚至有偏执倾向的孩子，如果采取强硬的说服态度，不仅不会有任何效果，还可能适得其反。这就需要父母掌握一些说服技巧。比如，发挥"我—信息"的作用、给孩子提供选择的余地、使用"正向语言"、避免"说教式语言"，等等。

一、发挥"我—信息"的作用

现实生活中，许多父母都在被"孩子爱顶嘴"的问题困扰，觉得实在没办法说服孩子。其实，爱顶嘴是孩子成长过程中心理变化的体现，他们的自我意识不断增强，开始对事物有了自己的看法，不再对任何事情都唯唯诺诺，不再盲目地服从。一些父母采用不妥当的沟通方式，因此很难说服孩子。比如，下面常见的几种沟通语言：

"你为什么这么晚才回来？"

"你的成绩怎么总是没有提高呢？"

"你怎么还不起床？早饭都凉了！"

"笨手笨脚的，什么都做不好。"

"你太懒了！"

"你去帮我把杯子拿过来。"

……

上述这些话语以"你"为主语，其中虽然会有"为你好"的情感，但是这种情感并未传递到孩子身上。而且父母说话的语气很容易伤害孩子的自尊心，让他觉得没有面子，产生罪恶感、内疚感，甚至引发不服和反抗。父母在说服孩子时，不妨采用"我—信息"的方法，一定会收到意想不到的效果。

"我—信息"是一种沟通工具，包括三部分：一是对不可接纳行为的描述；二是感受；三是这种行为对父母造成的具体影响。

"不可接纳行为"是指观察到的孩子的行为或者听到的孩子说的话，往往是父母不愿看到或听到的；"感受"就是父母看到孩子的行为之后的心理感觉；"影响"就是孩子的行为对父母造成的影响和后果。例如：

描述行为：我看到你没有吃菜。

描述感受：我今天工作很累，但特意做了你平时喜欢吃的菜，可你一口都没吃，这让我觉得非常难受。

描述影响：既然我做的菜不合你的胃口，那我以后就不做这样的菜了。

类似的沟通语言还有：

我觉得你今天有点不高兴，是和小朋友吵架了吗？

我很担心你的身体，不吃菜怎么行啊？

我需要你帮我拿一个杯子过来。

我回来后发现你不在家，很担心。

……

这种以"我"为主语的"我—信息"沟通法，即换位思考，在不伤害孩子的基础上，让孩子理解父母的情感和需求。这种沟通技巧的魅力在于，把主语从"你"换成"我"，可以拉近父母与孩子之间的距离，让孩子更深切地感受到父母的真挚情感，感受到爱与尊重。此外，"我—信息"的沟通技巧，隐藏着孩子不按时回家、不好好吃饭的后果。由于父母说出了"我"的感受，因此孩子察觉不到语言中的攻击性，从而能使孩子更好地接受。

需要注意的是，父母使用"我—信息"的方式与孩子沟通时，要避免使用以下几种语言：

我觉得你很不友好。

我觉得你写作业不太认真。

我认为，你见到邻居叔叔不打招呼，是一种不礼貌的行为。

……

以上种种，看似使用了以"我"为主语的"我—信息"沟通法，但实质上是给"你—信息"加了一层伪装。因为它所表达的并不是父母的"感受"，而是"评判或建议"。不但没有用"感受"拉近亲子之间的距离，还用"评判或建议"拉开了双方的距离，引起孩子的不服和反抗。这一点父母在亲子教育实践中必须重视起来。

二、给孩子提供选择项

其实这就如同营销中的一种"说服术"，比如，老板不问顾客"加不加鸡蛋"，而是问顾客"加一个鸡蛋还是两个鸡蛋"，要顾客在两个答案中做一个选择。顾客随便选择，老板的销量和利润都会大大提高。

在亲子沟通中，父母经常得说服孩子做一些事，或者在意见不同时，想要让孩子听从自己的建议，这时候就可以用"选择题"（加几个鸡蛋）代替"是非题"（加不加鸡蛋）的沟通方式，例如：

"你现在就去写作业，还是5分钟后去写？"

"你准备饭前吃水果，还是饭后吃水果？"

"你想穿这条黑色裤子，还是想穿那条灰色裤子？"

"你想喝豆浆，还是想喝牛奶？"

"你打算周六去外婆家，还是周日去？"

……

这种方式减少了正面的言语冲突,并且把决定权交给了孩子,让他觉得自己受到了尊重,因而会愿意做出配合的决定。

给孩子提供选择项,不仅能顺利说服孩子、促成高效沟通,而且有利于促进孩子快乐成长。

在亲子沟通中,父母最容易犯的错误就是直接向孩子提出要求,即使父母说出这种命令式的语言时的语气可能非常温和,但孩子仍然能感受到压抑、沮丧、烦躁。比如:

"吃完饭就去写作业吧。"

"明天还要上课,晚上9点前就必须睡。"

"你正处于长身体的阶段,要好好吃饭。"

"把电视关了,收拾一下明天春游要带的东西。"

……

父母的这种命令式的语言,会让孩子认为自己没有选择的权利、没有自由。在这种消极心理的作用下,孩子就容易出现拒绝、排斥或者顶撞的行为。

反之,说服孩子时为其提供有限的选项,他们就会感到自己不是被命令的、被强迫的。如果加上一句"你自己决定",他们更会觉得自己有能力做好事情、有能力解决问题,这样,就能取得良好的沟通效果。

三、学会使用"正向语言"

正向语言,也叫正面语言,是指带有积极色彩、能让人感到舒适、给人带来动力的语言。比如,当孩子写作业磨蹭的时候,你可以这样说:"妈妈看到你刚开始写作业时写得又快又好,现在好像变慢了,你之前是怎么做到的呢?"孩子想了想,很快就会调整自己的状态。

这就是正向语言,类似的还有:

"走慢点,把杯子端平了。很好,端得挺稳啊。"

"磕到哪儿了?疼不疼啊?跑的时候看着点儿路,就不会摔了。"

"提高效率,抓紧完成作业,这样我们就有更多的时间看动画片了。"

与正向语言相对的,就是负向语言,比如:

"小心,别洒了!"

"快点写吧,这样磨蹭下去,猴年马月也写不完。"

"我说让你慢点儿,你不听,现在摔了吧?"

具体到亲子沟通中,父母应如何利用正向语言说服孩子呢?我们可以将指示性、批评性语言转变为启发性、肯定性语言;经常使用积极的引导语言或暗示性语言,比如:

不说"怕什么?"而说"有我在,不要怕。"

不说"太笨了!"而说"再来一遍,认真点。"

不说"这有什么难的？"而说"没有哪个孩子第一次就能做好这件事。"

不说"你今天有没有读书？"而说"我看到你前几天的努力了，再坚持一下！"

不说"你能不能懂事一点？"而说"妈妈知道你会成为一个懂事的孩子。"

不说"快点，快点！"而说"还需要多长时间？"

不说"不许哭！"而说"你先哭吧，哭完再说。"

此外，父母还应该经常使用"我相信、我同意、我高兴、我尊重、我欣赏、我期待、我理解、有希望、有进步、有提高、有道理、有本事、有新意、有收获、做得好、再试试"之类的正向语言。

总之，使用正向语言是说服孩子的有效手段，也是一种先进的教育理念。每个孩子都期望被人夸奖和鼓励，用正向语言去鼓励孩子的每一点进步，就能激发出他们更多的前进动力。

四、停止"说教式语言"

说教式语言是指在人际交往中使用的教训别人的言辞。很多父母自有一种"权威感"，喜欢让孩子对自己言听计从，一旦孩子的行为让自己不悦，就要展开严厉的说教。比如：

"我已经告诉过你……"

"这么简单的道理,为什么你听不懂?"

"不用解释了!"

"住口!"

"不要再说了!"

"你为什么有事不对大人讲?"

……

在这种教育方式下长大的孩子容易形成两种性格,一是胆小懦弱、不爱与人沟通、做事缺乏勇气;二是性格暴躁、做事没有耐心。

可以想象,假如每位父母都能放下权威,不再对孩子下达命令或严厉指责,而是像面对知心朋友一样,向孩子请教一个问题、与孩子商量决定一件事情,孩子那种愉悦的心情一定不亚于得到物质奖励。这样,孩子才可以体会到自己存在的价值。

与使用"说教式语言"相对应的,是父母的以身作则。榜样的力量,胜过千万句说教。

一个男孩迷恋上一款网络游戏,一玩起来就没完没了。父亲担心游戏损害儿子的视力,三番五次告诉他不要玩太长时间。于是当父亲在的时候,男孩会少玩一会儿,可是父亲不在的时候,男孩就会全身心投入游戏之中。父亲发现后，悄悄卸载了游戏，但不久，儿子又安装回去了。

父亲觉得有必要与儿子进行一次深度沟通，他说："看来这款游戏确实挺有意思，但玩的时间太长会伤害眼睛。"

儿子却说："你都不怕伤害眼睛，为什么要求我保护眼睛？"

父亲愣了一下，说："我也不玩游戏呀。"

儿子说："你是没玩游戏，但是每天睡觉前都看手机！"

父亲顿时哑口无言，他只顾着教育儿子，却给儿子树立了一个"反面榜样"。于是，父亲与儿子商量，让他卸载游戏，自己则改掉睡觉前看手机的不良习惯。

就这样，父子两人都戒掉了各自的不良习惯。

由此可见，父母的一言一行都会对孩子产生潜移默化的影响，与其喋喋不休地对孩子进行说教，还不如以身作则，为孩子树立良好的榜样。

此外，父母要想停止"说教式语言"，就要降低自己的"身份"，将孩子当作平等的、独立的个体。虽然孩子年纪较小，但如果父母一味以居高临下的态度进行说教，只会适得其反，让他们越来越叛逆。因此，父母一定要尊重孩子的想法，让孩子真切地感受到自己也是家庭中重要的一员，这样一来，他们在生活中就会越来越愿意和父母交流。

五、减少强硬建议

在养育孩子的过程中，每位父母都会给孩子提出生活、学习方面的意见或建议，但是心理学研究表明，他人提出建议的态度越强硬，别人越难以接受。孩子年纪虽小，但他们也像成年人一样有自己的思想。然而有些父母对这方面认识不足，往往会按照自己的想法给孩子提意见，比如下面这个例子中的母亲。

星期一早晨，妈妈要送4岁的女儿娜娜去幼儿园，然后去上班。妈妈进入女儿的房间，看见她正费劲地穿着一件漂亮的毛衣，那是妈妈星期天刚给她买的。娜娜非常喜欢这件毛衣，于是自己动手穿。

但毕竟只是个4岁的孩子，娜娜分不清毛衣的正面和反面，所以一直没有穿好。

妈妈看时间有些来不及了，便说："我来给你穿。"

谁知娜娜倔强地说："不！我自己会穿！"

然而她还是把毛衣穿反了。娜娜又气又急，把毛衣脱了下来，决定重新再穿。妈妈看了看墙上的挂钟，余下的时间明显不多了，心中有些着急，便对女儿说："再晚些出门就迟到了，妈妈上班也要迟到，别再倔了，妈妈帮你穿！"

"不！我要自己穿！"娜娜往后退了一步，大声说道。

妈妈真的生气了，一把将娜娜揪了过来，大声吼叫："你这孩子，怎么这么不听话！我现在没时间跟你磨蹭了！"说着从女儿手中夺过毛衣，套进她的脑袋。

娜娜一边挣扎，一边大声哭喊："不！不用你穿！我自己会穿！"

虽然最后妈妈强行帮她将毛衣穿好，但女儿此后再也不喜欢这件漂亮的毛衣了。

妈妈给娜娜买了一件漂亮的毛衣，本来是一件开心的事，但为何孩子会哭喊呢？其根源在于妈妈提出帮女儿穿衣服的建议时态度有些强硬，没顾孩子的面子、伤了孩子的尊严。对此，我们可以假设另外一种场景：

当娜娜多次努力失败后，妈妈心平气和地说："娜娜已经长大了，可以自己穿衣服了。不过这件衣服与其他衣服不太一样，不太容易穿，让妈妈帮你想想，究竟该怎么穿呢？"

妈妈可以拿着毛衣比划来比划去，假装在琢磨："哦，是不是这样呢？"然后把毛衣摆到正确的位置让娜娜自己拿住，对她说："来，我们试试这样穿行不行？"这样娜娜就能够顺利地把毛衣穿好。此时，妈妈不要忘了给予她夸奖："娜娜真棒，自己就把衣服穿好了！"

这样，娜娜虽然没能独立地穿好这件毛衣，但妈妈也维护了她的尊严，让她学会坦然接受一些小小的"失败"。在甩掉了"挫折感"的包袱之后，娜娜就能够高高兴兴地跟着妈妈去幼儿园了。

在日常教育中，父母应如何向孩子提建议呢？

1. 学会控制情绪

父母对孩子提出建议，而孩子又不同意这个建议，往往会导致双方情绪激动。这时候，父母就要控制自己的情绪，等到孩子激动的心情也有所缓和时，再与孩子一起探讨问题，并提出自己的建议。如果孩子的想法有一定道理，就应该给予肯定和鼓励。如果孩子的想法有偏差，应该耐心听完孩子的意见，然后及时纠正孩子的错误。

2. 以鼓励的方式提建议

父母采取鼓励的方式提出建议，往往容易得到孩子的同意。比如，当孩子用积木搭出一辆汽车，但造型不太好看的时候，有些父母会直接批评："你这个汽车没搭好，是因为车身太高、车长太短了，你应该把车身弄低，再加长车身。"这样提建议，孩子一般不愿意接受。如果我们说："你搭的汽车不错嘛，要是车身再低些，再长些就更加完美了。"这样提建议孩子可能更容易接受。

3. 减少强硬式语言

建议父母在与孩子交流沟通时,多用"也许""是不是""这样可以吗"之类的词句,而少用"你必须""你马上""你懂什么"这样的话语。随着年龄增长,孩子在心理上是排斥他人的各种"命令"的。因此,父母的询问和尊重,能增强孩子的自信心,让他们愿意与父母经常沟通。

第六章　非语言沟通的技巧

在沟通中，语言是打开对方心灵的钥匙，是表达思想和交流感情的重要工具。但是除了说出来的语言之外，还有一种沟通方法，那就是肢体语言。从心理学角度讲，肢体语言往往能传达更加丰富的信息。只要运用得当，给孩子的一个微笑、一个眼神、一个抚摸，都能传递浓浓的爱意。

一、微笑在亲子沟通中的功能

如果说有一种在全人类中通行的语言，那一定是"微笑"。心理学研究发现，人与人刚开始交往的时候，彼此之间都有距离感，但是我们的微笑可以在无形中拉近彼此之间的距离。尤其是在双方都比较紧张的情况下，微笑可以让彼此放松。

微笑在亲子沟通中还有以下功能。

1. 能够培养出快乐的孩子

孩子的模仿能力很强,当我们对孩子微笑时,他也会向我们微笑。在孩子每天起床的时候、接送孩子去幼儿园的时候、孩子不开心的时候、孩子与我们沟通的时候,给孩子一个微笑,他就会觉得温馨、幸福和安全。心理学研究发现:情绪具有感染力。当父母经常面带笑容,表现出高兴、快乐的情绪时,孩子的快乐情绪就会增多,而积累的快乐情绪多了,他就会成为一个快乐的孩子。

2. 有助于培养良好的亲子关系

父母在和孩子互动、交流的时候面带微笑,在声音和动作中流露出积极的情绪,孩子就会更喜欢互动,就会和父母有更多积极的互动,和父母更加亲近。如果父母经常一脸严肃地教育孩子,就会让孩子产生畏惧心理,亲子关系自然不会融洽。

总之,"孩子就是父母的镜子"。父母的脸上写了什么,孩子的脸上就会呈现出什么。因此,在恐惧中长大的孩子,常常会感到焦虑;在批评中长大的孩子,也会常常责难他人;在敌意中长大的孩子,也会喜欢与人吵架。

二、需要控制的几种眼神

观察一个人,最好的方法就是观察眼睛。眼睛不会掩盖心中的邪恶。内心正直坦荡，眼神就会明亮清纯；内心邪恶、念头不正，眼神就会躲躲闪闪。作为一种肢体语言，眼神在亲子沟通中具有非常重要的作用。

有这样一个小故事。在一场跑步比赛中，有三个孩子摔倒了。

第一位母亲立即跑过去，把孩子扶了起来，然后拖着孩子，努力向前跑。

第二位母亲跑到孩子身边，大声责骂他不小心、不努力，然后让他继续向终点跑去。

第三位母亲跑到孩子身边，静静地注视着孩子，眼睛里充满了鼓励，好像在说："马上爬起来，继续往前冲！"

三个孩子都跑到了终点，但是他们的心情却有着天壤之别。

第一个孩子在母亲的帮助下到达了终点，但是他并没有获得强烈的成就感，对于母亲的帮助，他的体会也不深刻。

第二个孩子虽然跑到了终点，但由于受到母亲的责骂，心中充满委屈。

第三个孩子凭借自己的努力跑到终点，内心充满快乐。他体验到了成功的喜悦，同时永远不会忘记妈妈深切而鼓励的眼神。

由此可见，积极的眼神会给孩子带来力量和快乐。那么，在亲子沟通中，父母应避免使用哪些眼神呢？

1. 凶狠的眼神

当孩子犯了错误或者不听劝说时，有些父母会凶狠地盯着孩子，直到孩子改正错误或者乖乖听话为止。表面上看，孩子听话了，父母"胜利"了，但这种凶狠的眼神会让孩子产生焦虑感，缺乏安全感。

2. 消极的眼神

在成长的过程中，孩子会遇到困难或挫折，如考试成绩不理想。父母可能会出现失望的情绪，流露出失望、消极的眼神。这种眼神会让孩子怀疑自我。父母经常这样会打击孩子的自信心，容易让他们形成自卑心理。

3. 不耐烦的眼神

在许多情况下，父母只要对孩子的表现不满意，就会抛出不耐烦的眼神。其实，每个人的耐心和心情是呈正相关关系的。有时候父母对孩子不耐烦，不是孩子太烦人，而是父母的情绪出现了问题。比如，父母心情好时，孩子拿本书求着讲故事，父母就会觉得："不错，孩子爱听故事，可以增加知识啊。"当父母心情烦躁时，就会说："去去去，我正忙着呢，别烦我。"这相当于父母把自己的消极情绪转移到了孩子身上，从而让孩子也产生了负面情绪。

此外，嫌弃的眼神、不信任的眼神、不屑的眼神，等等，都会给孩子带来消极情绪。

三、通过正确的姿势传递爱意

父母应如何使用正确的姿势对孩子传达爱意呢？

1. 点头

点头表示同意或赞许。当孩子说话时，父母应选择合适的时机点头，孩子看到就会受到鼓励，会继续说下去。当孩子取得某些成绩时，如拿着一张考了满分的试卷回到家中，父母深深点几下头，就是对孩子非常好的肯定。

2. 牵手

送孩子去幼儿园、接孩子回家、带孩子逛商场、带孩子散步时……父母应尽量牵着孩子的手，这样他们既能获得安全感，又能感受到父母的爱意。

3. 拥抱

当孩子取得进步时，可以张开双臂，给他一个大大的拥抱。孩子会在你的臂弯里感受到父母的体温和力量，这会给他带来极大的肯定和鼓励。

4. 欢呼击掌

当孩子体育比赛夺冠,或者绞尽脑汁完成一道智力题时,父母都可以与孩子欢呼击掌。这种肢体语言能够传递催人向上的力量,也是父母对孩子辛苦付出的回应和夸奖。

5. 用力握拳

握拳是较为常见的肢体语言,可以传达出"力量""坚强""加油"的意思。孩子参加考试或者比赛之前,向他做一个用力握拳的手势,他便会获得力量与支持。

6. 弯腰迎接孩子

孩子放学后,或者在外面玩耍之后回到家中,父母可弯下腰,伸出双手拉住孩子的双手表示迎接,孩子就能感受到无比的温暖。

7. 轻抚孩子的头顶

当孩子在幼儿园受到老师的表扬,或者周末出色完成家务时,父母可以轻轻抚摸孩子的头顶,这会让孩子感到开心和舒适。

参考文献

[1]王野坪主编:《儿童护理》(第二版),高等教育出版社2009年版。

[2]张永红主编:《培养孩子好心智——儿童心理健康培养教育》,人民军医出版社2006年版。

[3]张良科编著:《父亲的影响力》,经济日报出版社2004年版。

[4][美]罗纳德·阿德勒,拉塞尔·普罗科特著:《沟通的艺术》,黄素非译,世界图书出版公司2010年版。

[5]黄君,多纳著:《零基础心理学入门书——日常生活中的荒诞心理学》,中国法制出版社2020年版。

[6]李洁著:《天然心理调适法》,华东师范大学出版社2001年版。

[7]张天军主编:《学前儿童语言教育》(第二版),复

旦大学出版社 2016 年版。

［8］严行方著：《小学生这样脱颖而出》，世界图书出版公司 2010 年版。

［9］袁建财编著：《只有失败的父母，没有平庸的孩子》，金城出版社 2008 年版。

［10］剑琴，李扬编著：《让孩子自由成长》，金城出版社 2010 年版。

图书在版编目（CIP）数据

儿童沟通心理及实践手册 / 程静, 郅芹编著. 北京：中国法治出版社, 2025. 6. ISBN 978-7-5216-5145-4

Ⅰ. B844.1-62

中国国家版本馆CIP数据核字第2025HW1159号

责任编辑：刘冰清　　　　　　　　　　　　封面设计：周黎明

儿童沟通心理及实践手册
ERTONG GOUTONG XINLI JI SHIJIAN SHOUCE

编著 / 程　静　郅　芹
经销 / 新华书店
印刷 / 三河市国英印务有限公司
开本 / 880毫米×1230毫米　32开　　　　印张 / 7.25　字数 / 133千
版次 / 2025年6月第1版　　　　　　　　　2025年6月第1次印刷

中国法治出版社出版
书号ISBN 978-7-5216-5145-4　　　　　　　定价：39.80元

北京市西城区西便门西里甲16号西便门办公区
邮政编码：100053　　　　　　　　　　　　传真：010-63141600
网址：http://www.zgfzs.com　　　　　　　编辑部电话：010-63141781
市场营销部电话：010-63141612　　　　　　印务部电话：010-63141606
（如有印装质量问题，请与本社印务部联系。）